# 愛迪生創意科學

隱形書信　萬能眼鏡　蛋殼不倒翁

樂律

# 微觀自然課

掌握簡易的物理化學原理，人人都能成為發明家！

【消失】漂白水浸泡髮絲，一段時間後竟然不見了？
【拔河】力氣不占優勢的班級，最後卻贏得了比賽？
【製冰】炎炎夏日不用冰箱，也能做出美味冰淇淋？

發現大自然的奇妙，觀察生活常見的科學
透過簡單的材料和步驟，展開趣味十足的知識之旅

張蓉 著

## 目錄

前言

Part 1　每日天氣早知道：教你了解天氣的形成過程

天氣是怎麼形成的 …………………………016

測一測雨量的多少 …………………………018

能指方向的風信旗 …………………………020

測風力大小的風力計 ………………………022

來做個雷聲吧 ………………………………025

彩色漩渦的形成 ……………………………027

冰雹長什麼樣子 ……………………………029

不會上升的煙 ………………………………030

「聖嬰」來了 ………………………………032

冰川是如何形成的 …………………………034

海市蜃樓 ……………………………………037

潮汐的產生 …………………………………039

003

# 目錄

## Part 2　神祕莫測的空氣：教你悄悄感受空氣的力量

毫無存在感的空氣 …………………………………044

氣泡的神祕世界 ……………………………………046

有利於健康的大氣層 ………………………………047

煮蛋比賽 ……………………………………………050

自製溫度計 …………………………………………051

氣壓計的工作原理是什麼 …………………………053

幫氣球裝兩隻玻璃耳朵 ……………………………055

替魚缸巧妙換水 ……………………………………057

從老鼠洞聯想到了什麼 ……………………………058

被祝福的天燈 ………………………………………060

會「流汗」的雞蛋 …………………………………062

一個關於氧氣的實驗 ………………………………063

## Part 3　清澈怡人的水：你不知道的關於水的許多古怪脾氣

淨化水和蒸餾水 ……………………………………068

水火相容 ……………………………………………070

零度的沸騰 …………………………………………072

可樂的三種形態 ……………………………………074

可以被蒸發的水 …………………………………………075

「冰」膠水 …………………………………………………077

管子的妙用 …………………………………………………079

與開水共存的冰 ……………………………………………080

會噴射的水珠 ………………………………………………082

測試水的硬度 ………………………………………………083

人為什麼能漂在海面上 ……………………………………085

什麼是水錘現象 ……………………………………………086

## Part 4　走近光影天地：繽紛變化的色彩中蘊藏無窮樂趣

黑暗中的鏡子 ………………………………………………090

你會看照片嗎 ………………………………………………092

上粗下細和下粗上細 ………………………………………094

針孔眼鏡 ……………………………………………………096

看不見的光線 ………………………………………………097

當你「找不到北方」了怎麼辦 ……………………………099

兩隻眼睛的妙用 ……………………………………………102

人為什麼會眼花 ……………………………………………104

光與影的傳說 ………………………………………………106

005

## 目錄

消失的硬幣 …………………………………………… 107

神奇的圓碟 …………………………………………… 108

濾光器 ………………………………………………… 110

### Part 5　穿越電和磁：火花四射般的魔幻電磁

電梯的運作原理是什麼 ……………………………… 114

來玩一個靜電遊戲 …………………………………… 115

銅絲也能滅火 ………………………………………… 117

廚房裡有趣的加熱器具 ……………………………… 118

硬幣如何發電 ………………………………………… 119

如何自製發電機呢 …………………………………… 121

敲擊和加熱能使磁性加強嗎 ………………………… 123

簡易自動馬達 ………………………………………… 124

奇怪的影響 …………………………………………… 125

能夠發電的文字 ……………………………………… 127

可以發光的電磁感應翹翹板 ………………………… 128

你了解汽車車速表嗎 ………………………………… 130

## Part 6　力與運動的「較量」：旋轉跳躍不停歇

「魚刺」不卡了 ……………………………………134

防滑鞋為什麼能防滑 ……………………………135

猜猜看哪根線先斷 ………………………………137

瓶子射鉛筆的遊戲 ………………………………138

小小潛水艇 ………………………………………140

堅固的趙州橋 ……………………………………141

新奇的拉簧 ………………………………………143

蛋殼變不倒翁的祕密 ……………………………144

小汽船的執行原理 ………………………………146

尖頭好，還是圓頭好 ……………………………148

往前跌落的氣球 …………………………………150

拔河比賽只是在比力氣嗎 ………………………151

## Part 7　「調皮」的聲音：玩轉聲音的奇妙遊戲

會聽聲音的骨骼 …………………………………156

金屬罐傳音 ………………………………………157

自製笛子 …………………………………………158

用眼睛看到的聲音 ………………………………160

007

# 目錄

聲音跑到哪裡去了 …………………………………… 161

嘴型的變化會影響聲音 ………………………………… 162

恐怖的聲音 …………………………………………… 164

發出兩種不同聲音的鈴鐺 ……………………………… 165

真空中聲音能傳播嗎 …………………………………… 167

水球魔音 ……………………………………………… 168

模擬人耳聽到聲音 ……………………………………… 170

杯子瓶子的交響樂 ……………………………………… 173

## Part 8　神奇的化學：物質之間的變化無常

製作鐘乳石和石筍 ……………………………………… 176

如何讓指紋再現 ………………………………………… 178

看不見的信 …………………………………………… 180

水的淨化劑 …………………………………………… 182

失蹤的髮絲 …………………………………………… 183

自製紙張 ……………………………………………… 184

惹人哭泣的洋蔥 ………………………………………… 186

「黑化」的白糖 ………………………………………… 188

自製焦糖塊 …………………………………………… 189

| | |
|---|---|
| 翩翩起舞的小木炭 | 190 |
| 水下公園奇景 | 192 |
| 為何牛奶可以解毒 | 193 |

## Part 9　聆聽大自然的吶喊：與自然萬物一起成長

| | |
|---|---|
| 來進行一場發芽比賽吧 | 198 |
| 種子也有休眠期嗎 | 200 |
| 葉子也能「洗三溫暖」 | 202 |
| 雞蛋內的營養輸送膜 | 204 |
| 「長眼睛」的馬鈴薯 | 205 |
| 取之不盡的太陽能 | 207 |
| 剝蛋殼的祕訣 | 209 |
| 呵氣暖，吹氣冷 | 210 |
| 煮不爛的黃豆 | 211 |
| 螞蟻為什麼不會迷路 | 213 |
| 巧妙辨衣料 | 215 |
| 星星為什麼會一閃一閃的 | 217 |

# 目錄

## Part 10　有趣的生活實驗：來自於身邊的點滴啟示

彩色噴泉……………………………………………220

把熱氣「包」起來……………………………………222

暖水瓶的工作原理……………………………………224

迷你型的「伊格魯」…………………………………225

不用冰箱做的冰淇淋…………………………………227

柳丁上的四季…………………………………………228

關於蠟燭的實驗………………………………………231

比一比，誰更薄………………………………………232

玻璃杯為什麼會「流汗」……………………………234

自製汽水………………………………………………236

能讓小航船行駛的樟腦丸……………………………237

人為什麼會流汗………………………………………239

# 前言

　　說起「發明大王」愛迪生，想必大家都不陌生。那麼，大家知道愛迪生的第一次發明是在什麼時候嗎？沒錯！就在他的童年時期。

　　當時，愛迪生還很小，經常去鄰居家的碾坊玩。一天，愛迪生在碾坊中看見有人在用一個氣球做一種飛行裝置實驗，這個實驗瞬間就吸引了愛迪生，讓他覺得十分有趣。於是，愛迪生就想：要是人的肚子裡充滿了氣，是不是也會一飛沖天呢？有了這樣的想法後，愛迪生在接下來的幾天就開始混合各種化學原料，製成「飛行劑」，拿給別人試吃。結果，有人吃了愛迪生配製的「飛行劑」後幾乎昏厥過去。雖然這次實驗失敗了，但是並沒有打消愛迪生的積極性。從這之後，他開始了不斷實驗、不斷失敗、不斷創新的一生，創造出了許多偉大的發明。

　　我們每個人也是如此，曾經有著無窮的好奇心，層出不窮的新奇想法，想要探知這個絢麗多彩的世界，但是，因為我們沒有愛迪生那樣勇於實驗的勇氣，所以才會讓自己成為一個乏味、平庸的人。既然如此，我們何不向愛迪生學習，在心中種下一顆「好奇」的金種子，去激發對科學探索的興趣，讓自己成為一個勇於創新，能夠用創新思維去思考問題、解決問題的人呢？

# 前言

　　當然，也有人說了：「我們畢竟不是愛迪生，不知道怎麼做實驗啊！」沒關係！為了方便讀者朋友們培養自己的創新思維，編者就編寫了這本書。這本書由專業人員把關稽核，並親自動手進行實驗驗證，使科學理論更加規範，集科學性、趣味性、實踐性、藝術性為一體，稱得上是一本讓孩子乃至成人都愛不釋手的科學實驗遊戲書籍！

　　本書共分為八個章節，分別從天氣、空氣、水、聲音、電與磁、力學、光、化學等生活常識著手，打破傳統的書籍模式，不再是一味地照本宣科，而是用有趣的實驗代替枯燥的文字敘述，精心篩選了120個創新小遊戲，引導讀者朋友們去親自動手做，在做實驗的過程中走進科學，理解物理學、化學、生物學、天文學和氣象學的基本原理，對新問題進行思考，從而鍛鍊培養擴散性思維和創意性思維。

　　如果讀者朋友們認真地閱讀了本書，並親手嘗試了一些小實驗，你就會發現喝可樂時打的嗝、迎風飄飛的風箏、樹上落下的蘋果等都是科學，它們時時刻刻存在於我們的生活中。同時，你還培養了自己的創新思維和意識，讓自己獲得了成功的喜悅，激發了自信心。

　　所以，現在，就在此刻，請閱讀本書吧！它會帶給你們一次次無比新奇的科學體驗之旅，讓你們沉浸在科學的探索中的同時改變著你的思維。或許一開始的時候，你的思維只會發生

很小的變化。但是，你要相信，只要你勤加練習，你的思維會越來越開闊、越來越敏銳，會有越來越多的靈感、點子湧現在你的腦海中！

# 前言

# Part 1
# 每日天氣早知道：
# 教你了解天氣的形成過程

　　「朝霧晴，晚霧陰；朝霧不收，細雨淋淋。」「天上魚鱗斑，晒穀不用翻。」「南閃火開門，北閃有雨臨。」……看到這些諺語是不是覺得非常熟悉呢？沒錯，這就是人們在千百年的生活中累積的關於天氣預報的生活經驗。這些諺語雖然看著簡單，但是裡面卻有一些專業詞彙，比如「魚鱗斑」、「南閃」、「朝霧」等。如果我們不深入地了解每種天氣的特點，對天氣狀況只是一知半解的話，那麼，光憑記憶力是很難記住這些諺語的，也很難理解天氣的變化過程。所以，不妨來學習一下各種天氣的形成過程和特色吧，這樣才能讓我們成為名符其實的「天氣通」！

Part 1　每日天氣早知道：教你了解天氣的形成過程

## 天氣是怎麼形成的

今天，小剛和家門口的同伴們相約去遊樂場玩，所以他早早地就起來了。在小剛即將出門的時候，小剛的媽媽將他叫住了，說天氣預報今天會下雨，讓他帶把傘。但是，小剛看著窗外的大太陽，壓根不相信媽媽的話，於是沒帶傘就溜出了門。

小剛和同伴們在遊樂場玩得十分開心，感覺天氣很熱，於是就去買了一瓶冰鎮可樂，計劃接下來去玩雲霄飛車和碰碰車。就在他們一邊喝著可樂，一邊在雲霄飛車那裡排隊的時候，原本炙熱得如火般烤的天氣突然颳起了大風不說，還被層層烏雲遮蓋，沒多久就下起了大雨。小剛和小夥伴們只好找了一個能遮擋的地方避雨。

在躲雨的時候，小剛想起了早上出門時媽媽說過的話，頓時覺得「天氣」是一個非常神奇的東西：明明前一秒還是晴朗的天氣，怎麼瞬間就下起雨來呢？親愛的讀者朋友們，你能幫小剛解答這個問題，告訴他各式各樣的天氣現象是如何形成的嗎？

**答案** •••••••••••••••••••••••••••••••••••••••••••••

在解答這個問題之前，我們先來了解一下什麼是天氣。所謂天氣，就是指某一個地方距離地表較近的大氣層在短時間

內產生的具體狀態，有氣溫、氣壓、溼度、風、雲、霧、雨、閃、雪、霜、雷、雹、霾等不同的天氣現象。之所以會有各式各樣的天氣變化，就是因為大氣在不停地運動，不同的氣溫、氣壓會產生不一樣的天氣現象。

文中小剛看到的天氣變化非常快，感覺從晴朗的天氣到下雨不過是「瞬間」的事情，實際上的天氣變化時間卻比這久得多。大氣中有冷氣團和暖氣團，當它們相遇時，溫度不會互相抵消，反而會形成幾公里長的鋒。鋒的出現就意味著天氣要發生變化了。

一般冷鋒會推著暖氣團上升，暖鋒會將冷氣團推向前方。但是，因為冷鋒移動得快，而暖鋒前進的速度則比較慢，所以，當寒冷的極地氣團和暖熱的熱帶氣團相遇時，就會出現「極鋒」。暖空氣進入冷空氣後，在上升的過程中不斷冷卻，最後就形成了低氣壓。同時，暖空氣中的水蒸氣會冷凝成水，以雨雪的形式降落到地面上來。

與低氣壓相對的就是高氣壓了。高氣壓一般是透過空氣冷卻形成的。空氣冷卻下降後，隨著氣壓的升高，下層空氣的密度和溫度都會升高。由於空氣下降升溫，空氣中含有的水分會受熱蒸發，所以就會產生一個溫暖乾燥、萬里無雲的天氣現象。

小剛早上出門時看到的晴朗的天氣，就是在高氣壓的影響下形成的。到了下午，因為暖空氣的上升，形成低氣壓，將暖空氣中的水蒸氣凝結成水，所以出現了下雨的天氣。

Part 1　每日天氣早知道：教你了解天氣的形成過程

## 測一測雨量的多少

歡歡是一個四年級的小學生，跟著爺爺奶奶一起生活。因為爺爺奶奶每天都會看新聞和天氣預報，所以，他也每天跟著看。可是，才四年級的歡歡有些不理解天氣預報員說的關於雨量多少的話。歡歡經常聽到天氣預報員在節目中說某個地方的雨量是多少 cc 或多少公分，會持續下多長時間，以便大家出門帶雨具或做好防護準備。可是，歡歡很費解，雨下下來不就滲入土裡了嗎？這要怎麼測量雨量呢？而且，下雨的區域一般都很大，而每個地方的地勢、位置都不一樣，有高有低的，預報天氣的工作人員又是怎麼準確地測量出不同地區的雨量的呢？

歡歡就問爺爺奶奶這是怎麼測量的。結果，爺爺奶奶告訴他有專門測量雨量的工具，叫做雨量計。歡歡一聽就特別有興趣，非纏著爺爺買一個雨量計給他。爺爺拗不過歡歡，就說可以自己做一個簡易的雨量計。於是，在爺爺的指揮下，歡歡開始製作雨量計了。

歡歡先找來了以下幾種東西：一些水、一個量杯、一個透明的塑膠容器、一個直徑和塑膠容器相配的漏斗和一枝防水的蠟筆。接下來，爺爺讓歡歡先用量杯取出 50cc 的水，將它倒在塑膠容器中；然後，爺爺用蠟筆在容器的外壁上給水位做了個標記。接下來，爺爺讓歡歡再重複前面兩個動作，直到那個塑膠容

器中灌滿了水後,讓他把塑膠容器中的水全部倒掉。這樣一來,留下來的就是一個畫滿刻度的容器了。這時,歡歡將漏斗插進這個有刻度的塑膠容器中,一個簡易的雨量計就做好了!

而後,爺爺和歡歡一起將這套簡單的測雨量的設備放在了遠離建築物和樹木的院子中,確保能淋到雨,又不會輕易被吹風倒後,爺爺這才拍拍手,對歡歡說道:「好了。現在就等著下雨了。等下完雨後,我們就知道這場雨的雨量是多少了。」

沒幾天,果然下雨了,而且下了一整夜的雨。第二天一大早,歡歡就迫不及待地拉著爺爺去看雨量計了。來猜猜看,歡歡有可能會看到什麼現象發生呢?

## 答案

這場雨過後,歡歡看到塑膠容器中積聚了一些雨水。歡歡根據容器外壁的刻度就能看出來這一場雨的雨量。以此類推,某地某一段時間內的雨量,一天、一週、一個月甚至幾個月內的降水量是多大,都可以用雨量計來測量。你也可以自己在家做一個簡單的雨量計喲!來自己測量一下你們那裡的雨量是多少。

要注意的是,雨量計的使用和測量是有限制的,不能在風力過大時使用雨量計,因為這樣記錄的結果會有過大的誤差。而且,一定要保持漏斗的通暢,保證雨水能順利流進容器中,以免造成測量結果的偏差。

Part 1　每日天氣早知道：教你了解天氣的形成過程

## 能指方向的風信旗

　　週五放學的時候，小明的學校安排了一個家庭作業給他們，要求他們按照手工書上的步驟，自己動手做一個風信旗。

　　小明雖然不知道什麼是風信旗，但是手工書上寫有怎麼做，於是他就按照手工書上的要求，準備好了以下幾樣東西：一根吸管、一把剪刀、一塊硬紙板、一枚大頭針、一枝帶有橡皮頭的鉛筆、膠帶（或者膠水）、兩根用來扎花的金屬絲（約20公分長）、橡皮泥、一個指南針。

　　將東西準備好後，小明就找來爸爸做幫手，按照書上寫下的具體步驟來操作。首先，小明從廚房拿來一個已經洗乾淨的盤子，在上面黏了一大塊橡皮泥。接著，小明用剪子把吸管的一頭剪一個長約2.5公分的凹槽，又將硬紙板剪成了一個梯形，並將這塊梯形的硬紙板固定在了吸管的凹槽裡。小明用大頭針穿過吸管，然後插進鉛筆的橡皮頭裡，並轉動了一下吸管，看吸管是否能繞著大頭針轉起來。最後，小明把金屬絲纏繞在橡皮頭下面的鉛筆身上，參照指南針，讓金屬絲的四端分別對準東、南、西、北四個方位，還在每一截金屬絲上都分別黏上一張不同顏色的小紙片，並在紙片上寫下金屬絲所指方位的名稱。完成這一步後，小明把鉛筆尖插入橡皮泥裡，風信旗就這樣做好了。

## 能指方向的風信旗

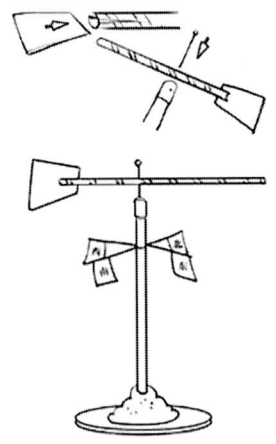

　　而後,小明又按照書上的指示,將風信旗放在了窗臺上,因為那裡有風,可以檢測到風信旗做得是否成功。小明把風信旗拿過去,對準紙片的方位後,把風信旗固定下來,風信旗在風的吹動下果然轉動了起來,之後在某一個方向上停了下來。過了一會兒,當風再次吹起的時候,風信旗又改變了它的方向。

　　小明不明白這是為何,就問爸爸其中的原因。爸爸看到小明做的風信旗後,高興地說道:「小明真棒!這樣一來,我們就能看到每天都會刮什麼方向的風了!」說完,爸爸就把風信旗的工作原理向小明講解了一番,讓小明明白了風信旗是做什麼用的。看到這裡,讀者朋友們,你們有猜出來風信旗的工作原理是什麼嗎?

**答案**

　　在這裡，風信旗就相當於一個測風向的儀器，能夠判斷當天的風向。具體工作原理是根據風信旗的末端的指向來判斷出當時刮的是什麼方向的風。不過，很多人都覺得風信旗上的小紙片是風信旗的主要受風部位，其實不是，固定在風信旗上的硬紙板才是，那四張小紙片則是用來標示方向的。風信旗的末端指向了哪個方向，就說明風是由哪個方向而來，也就是說當天刮的是什麼風。

## 測風力大小的風力計

　　星期六的早上，紅紅和爸爸媽媽一起回爺爺奶奶家。出門的時候，媽媽就說今天的風應該很大，紅紅也感覺到今天刮的風挺大的。

　　等到紅紅的爸爸開著車上了路，他們才真切地感受到今天的風有多大：只見路兩邊的樹被吹得嘩嘩直響，周圍的行人都走得東倒西歪的，連步伐都慢了不少。紅紅爸爸看著這種情形，感嘆說：「今天的風恐怕得有六七級，說不定還會颳倒大樹呢！」話剛說完，就見路邊的一棵樹被風颳倒了，擋住了前面的路。很多人都繞道而行。

## 測風力大小的風力計

　　紅紅看著被大風掛倒的樹以及出行受影響的人們，就問爸爸：「爸爸，你怎麼知道今天的風力是六七級的？」

　　紅紅的爸爸就對紅紅解釋：氣象學家把風分為了幾個等級以及每個等級的風力各有著什麼特徵……結果，還沒解釋完，就到了爺爺家。以往，紅紅看到爺爺奶奶就撲了過去，這次卻纏著要爸爸解釋完。在大風中等待的爺爺奶奶聽了紅紅的話，瞬間就明白了小孫女的求知欲正旺盛呢！於是，之前做地理老師的爺爺就對紅紅說：「你不是想知道風力是怎麼回事嗎？不如我教你製作一個風力計，你自己去測量一下風力的大小，如何啊？」紅紅一聽，高興地說道：「好啊好啊！」說完，就拉著爺爺去做風力計了。

　　只見爺爺找來一塊結實的紙板、一把剪刀、四個紙杯、一根縫衣針、一枝帶有橡皮頭的短鉛筆、一個空線軸、一塊木板、膠帶、膠水、橡皮泥等東西，就開始製作風力計了。爺爺把線軸黏在了木板上，又從紙板上剪下了兩條長45公分、寬5公分的紙條，在紙條的中間各剪了一個大小適中的小凹槽，把兩個紙條對插起來，形成一個「十」字。注意，這裡的凹槽不要剪得太大，以免十字架最後轉不起來。

　　然後，用剪刀把紙杯剪短，在「十」字形紙條的每個末端黏上一個紙杯。再在這個「十」字的中央插入一根細長的縫衣針，同時把縫衣針的針眼插進鉛筆的橡皮頭裡，把鉛筆插線上軸中

Part 1　每日天氣早知道：教你了解天氣的形成過程

　　間的小孔中，再用橡皮泥將線軸中間的鉛筆固定住。風力計就做好了。

　　紅紅看到爺爺拿著做好的風力計，將它放到了一個風吹得到的地方，就看到風力計上的「十字架」轉了起來。爺爺指著轉動的風力計說：「這就是風力計的簡易版了。有了它，你就能知道今天的風力大小了。」

　　請問，風力計是如何測量風力大小的呢？

**答案** ●●●●●●●●●●●●●●●●●●●●●●●●●●●●●●●●●●●●●●●●

　　如果你仔細看了紅紅的爺爺製作風力計的步驟，你就會知道，風力計就是透過紙杯的轉動速度來測量風力的大小的。

　　在這個案例中，紅紅的爺爺製作的是一個簡易型的旋轉式風速計。因為風吹在紙杯上，帶動紙杯轉動，風速越大，紙杯轉動得越快，「十」字架就轉得越快。真正的旋轉式風力計也是如此工作的。風力計上有一個三臂轉盤樣式的探測器，上面固定著半球形的空心盤子。風速越大，轉盤轉動的頻率就越高，測定值會被轉化為電磁的形式，驅使轉軸上的發電機產生和風速計轉動頻率成比例的電壓，將風力大小儲存在電動記錄儀中。

## 來做個雷聲吧

　　三年級的川川喜歡看仙俠電視劇，經常在週末的時候透過網路追劇。在看的時候，川川就發現電視劇中經常有這樣的情節：如果哪裡雷聲滾滾了，就有人說是修真之人在彼此對戰，或者說是有人在歷劫飛昇……川川以前在看《西遊記》的時候，也發現裡面有很多打雷、下雨的情節，背後則是龍王在打噴嚏下雨。因此，在川川的理解中，每次打雷的時候，就是有人在飛昇，有神仙在作法。為此，川川還一直說自己也要「修煉」，得道成仙。

　　川川的爺爺知道了川川的這種想法後，就跟他說：「川川，天空中之所以有電閃雷鳴，實則是大自然的變化現象，並不是什麼神仙鬼怪在作法。你要不相信的話，我這就教你自己做一個『雷聲』來聽聽！」

　　爺爺說完，就讓川川找來了幾個橡皮筋和幾個紙袋子。川川就看見爺爺拿著紙袋子，像吹氣球一樣將袋子吹得很大，並迅速用橡皮筋綁緊袋子的開口。然後，爺爺就把袋子放在桌子上，用雙手從兩邊同時用力拍打紙袋，就聽到「嘭」的一聲很大的爆裂聲，和雷聲非常相似，川川看到紙袋爆裂了！而後，川川模仿爺爺剛才的動作，也製作了幾個充氣的紙袋子，讓它們發出了雷鳴般的響聲。

025

## Part 1　每日天氣早知道：教你了解天氣的形成過程

　　川川覺得十分好玩，但不理解小小的紙袋子為何會發出這麼響亮的聲音，就詢問爺爺。爺爺便告訴了川川紙袋裡的奧祕，也讓他知道了雷聲到底是如何來的。

　　親愛的讀者們，你們知道紙袋子為何會發出響聲嗎？你們知道雷聲是如何來的嗎？

### 答案

　　原本空空的紙袋子被灌入了滿滿的空氣，又經過雙手的拍打，紙袋裡面的空氣就在外力的作用下振動了起來，發出了巨大的響聲。同樣的道理，雷聲也是這樣來的。

　　大家回想一下，一般雷聲響起的時候都會伴隨著閃電，這是因為風、氣流在空氣中劇烈運動，帶來正負電荷，產生巨大的電火花和閃光，形成閃電。當天空中出現閃電時，閃電周圍的空氣會劇烈增熱，溫度高達 $15,000°C \sim 20,000°C$，因而造成空氣急遽膨脹，產生衝擊波，發出爆裂聲。這就是雷聲了。

　　總體來說，雷聲大致可以分為三種：一種是「炸雷」，清脆響亮、像爆炸聲一樣；另一種是「悶雷」，發出沉悶的轟隆聲；還有一種是「拉磨雷」，能發出低沉而經久不歇的隆隆聲，有點像推磨時發出的聲響。

　　之所以雷聲會有不同，是因為聽到的人距離雷聲的距離有遠有近。形成閃電的時候產生的衝擊波會以 5,000 公尺／秒的

速度向四面八方傳播。在傳播的過程中,它的能量很快衰減,而波長則逐漸延長。所以,在閃電下方的人會聽到從雲層中發出的「劈啪」聲,就是人們常說的炸雷;而相隔較遠的人則會聽到「隆隆」的雷聲,這是因為雷聲在雲裡面多次反射,經過很短的時間間隔先後傳入人們的耳朵,所以大家才會覺得雷聲沉悶而悠長,有如拉磨之感。

## 彩色漩渦的形成

在炎熱的夏季,電視上又在說美國發生了龍捲風,造成了很大的人身傷害和財產損失。小松看著新聞,想起他看的那些美國大片中也經常會出現龍捲風,他就想:龍捲風真的有這麼厲害嗎?我何不自製一個龍捲風,看看它到底是什麼樣子呢?

想到就去做!小松立刻找來了製作龍捲風的道具:一個可以轉動的糕點盤、一個玻璃杯、膠帶、剪刀、含有碳酸的礦泉水和食鹽。然後,小松把玻璃杯放在盤子中央,用膠帶把杯子固定住,並在玻璃杯裡倒入了礦泉水。接著,小松轉動盤子,在礦泉水中加入一匙鹽,就看到從水底向上垂直地生起了一根長鼻狀的帶子。

之所以會出現這樣的情況,是因為含有碳酸的水裡加入食

Part 1　每日天氣早知道：教你了解天氣的形成過程

　　鹽後，會生成二氧化碳氣體。而二氧化碳則以小氣泡的形式出現，在旋轉作用下就會集聚在一起，沿旋轉軸在水裡構成了一根長鼻狀的帶子，類似於出現在天空中的龍捲風。

　　可是，這只是讓小松看到了龍捲風的樣子，並沒有看出來龍捲風的威力有多大啊！於是，小松又一次做了一個實驗：他用塞子堵住浴室洗手臺的排水口，將裡面放滿水，然後在水面上滴一些食用顏料或者墨水，拔掉排水口上的塞子，並灑落一些碎紙屑，觀察一下這些碎紙屑是怎麼被水沖走的。

　　小松看著水中形成的那個巨大渦旋，看著被捲走的碎紙屑，而後在腦海中將這樣的效果放大千萬倍，就知道空中的龍捲風為何這麼具有威力了。請大家想想看，小松看到了什麼情景呢？從這個實驗中，你又是如何看出龍捲風的形成的呢？

**答案** ●●●●●●●●●●●●●●●●●●●●●●●●●●●●●●●●●●●●●●●●●●●●●

　　由於水中加入了顏料或墨水，有了顏色，所以小松可以清楚地看到：當水旋轉時，在水面和排水口之間就形成了一個漩渦。這個漩渦從上方開始旋轉，一直延伸到下面，看起來回流湍急，漩渦中的急流在水面和排水口之間形成了一個「漏斗」。原本隨意灑落在水面上的碎紙屑都被吸到了漩渦裡面，並順著漩渦被捲入了排水口中。

　　龍捲風也是如此。在炎熱的季節，地表的溫度很高，導致

地面附近的空氣受熱上升，在強烈的上升氣流的帶動下開始旋轉起來，而且風速越來越大。最後，天空中出現了一條長鼻狀的龍捲。這道龍捲可以從高空的雲層一直延伸到地面上，會吸附周圍的水氣、塵土、建築物、行人等東西，給人們的生活帶來嚴重的損失。

## 冰雹長什麼樣子

每年春夏交接的季節，新聞裡、網路上偶爾會說哪個地方下冰雹了，或者是冰雹有多大，冰雹砸壞什麼東西了……可是，就像低緯度國家的人一輩子也沒見過雪一樣，有很多人也沒見過冰雹，不知道冰雹長什麼樣子。

從網路上搜尋圖片，我們可以看見，常見的冰雹多是球形的，如綠豆、黃豆般大小，也有大似栗子、雞蛋的。如果冰雹下得又大又密，則會給人們的生活帶來很強的破壞力和殺傷力。

如果你可以撿一顆回來，將其鋪在一張報紙上，然後用錘子將冰雹砸開，再拿到放大鏡下面觀察，你會發現，冰雹粒其實就是結了冰的雨滴！

那麼，讀者朋友們，你們知道冰雹為什麼是這個樣子的嗎？

Part 1　每日天氣早知道：教你了解天氣的形成過程

## 答案

　　冰雹的樣子和它的成因有關。冰雹一般是在春夏之交或者是夏天出現的，大多出現在午後兩三點的時候。因為這個時候的地表溫度很高，導致地面附近的空氣受熱上升，形成了對流。隨著熱空氣在對流中心的不斷上升，導致周圍的冷空氣不斷地下降。如果上方的空氣溫度很低的話，這股熱氣流就可以一直上升到很高的地方。當地面附近和半空的雲層中都充滿了水氣時，就會出現雷雨雲。雷雨雲上層的空氣由於位處高空，溫度很低，導致其中所含的水珠結冰，變成冰雹粒。當這些冰雹粒越來越重的時候，就會降落到地面，成為了大家眼中的「冰雹」。所以，冰雹其實就是降水的一種，只不過它是以冰球或冰塊的形式出現的。

　　每次下冰雹的時間雖然最長也不過 30 分鐘，但是，因為它的重量比較大，能夠產生很大的破壞力。所以，在冰雹常見地區，一定要注意做好防護措施，以免砸壞莊稼、砸傷行人等。

## 不會上升的煙

　　王維〈使至塞上〉中寫道：「大漠孤煙直，長河落日圓。」但在這裡，我們不講大漠中廣闊、遼遠的景色有多美，也不說詩人在作這首詩時有何感想，就單純地說一說「煙」！

## 不會上升的煙

有人會說煙有什麼好說的，氣味不好聞，還抓不住，輕飄飄地就飛入了空中。然而，這只是大家尋常看到的煙，不知道大家是否看到過不會上升的煙呢？要想看到這一景象，就請大家找來兩個玻璃杯、適量的熱水和冷水，以及一塊杯墊、一盒火柴和一根線。

東西準備好後，先分別用熱水和冷水沖洗這兩個玻璃杯，並把杯子擦乾淨。然後，把細線的一端點燃，放在用冷水洗過的玻璃杯中，並把杯墊蓋在玻璃杯上，直到這個杯子裡充滿了煙。這時，再把另一個用熱水洗過的杯子倒扣在杯墊上面，最後抽走杯墊。你就會看到以下景觀：如果用冷水洗過的杯子一直放在熱水洗過的杯子的下面的話，杯子裡的煙就不會上升了。

請問，這是為什麼呢？

### 答案

這是因為密度較大的冷空氣會下沉。如果冷空氣被擋在了熱空氣的下面，煙就不會上升了。但是，如果把用熱水洗過的杯子放在下面的話，杯子裡的煙就會升到上面去。

看到這裡，有些讀者可能會恍然大悟：這不就是我們平常看見的濃霧、霧霾嗎？沒錯，就是如此。這個實驗中顯示的不會上升的煙，實際上就和我們平常看到的濃霧、霧霾相似。它們都是下沉氣層的下介面上會出現的一種逆溫現象。這種逆溫

現象一般出現在低地的冬天。當太陽高掛在山區萬里無雲的天空中時，低地的人們卻要面對一個濃霧瀰漫的溼冷天氣。

之所以會出現這種現象，是因為這個地方的空氣溫度會隨著高度的增加而不斷上升，而不是像平時那樣隨著高度的增加而不斷降低，於是就形成了一個暖氣團。這個暖氣團構成了一道隔離層，使得灰塵粒和其他氣體無法進入隔離層上方的氣層當中，只能漂浮在低空中。

不過，這個「濃霧」可不是什麼好的東西，裡面一般聚集著一些灰塵顆粒和有害氣體，會導致人的呼吸道發生病變，阻礙人體進行正常的血液循環。

## 「聖嬰」來了

在今年寒假，做完作業的佳佳和爸爸媽媽一起去秘魯的一個小島上度假。佳佳在小島上玩得很開心，可是有一件事情她非常不解，那就是她經常能看到海水會把一些死魚沖到沙灘上來。佳佳就問爸爸：「爸爸，魚不是生活在海裡的嗎？牠們為什麼都死了呢？」

佳佳的爸爸問道：「除了這些死去的魚，妳還注意到什麼情況了嗎？」

「聖嬰」來了

佳佳想了想，說道：「我覺得海水好熱，一點都不涼快。」

「這就對了！」爸爸說道，「這是因為『聖嬰』在作怪。」

「『聖嬰』？他是誰？海神嗎？」

「當然不是。『聖嬰』是一種反常的自然現象，是一種洋流的名稱。它的出現會導致海水暖化、海水不正常運動、海裡的魚類死亡。」爸爸解釋道。

「原來是這樣。可是，爸爸，你說的太抽象了，我不懂『聖嬰』現象到底是怎麼回事。」佳佳疑惑地說道。

爸爸聽完了佳佳的苦惱，笑著說：「這個容易。來，我們這就來做個實驗，讓妳親眼看一下什麼是『聖嬰』。」

於是，爸爸就帶著佳佳，一起找到了一些食用顏料，準備好了適量的水和一個空玻璃缸。在爸爸的指導下，佳佳在這個空玻璃缸注滿了水，並把食用顏料滴入到準備好的另外一部分熱水中。然後，佳佳把染上了顏色的熱水滴在了玻璃缸的水面上，等這部分熱水完全占據了整個水面後，就能看到這些熱水開始向下蔓延了。這個時候，佳佳的爸爸對著水面開始吹氣。幾分鐘過後，爸爸才停止吹氣，並讓佳佳觀察一下玻璃缸，看水裡出現了什麼情況。

親愛的讀者朋友們，你們來猜猜看，水裡會出現什麼情況呢？

**答案**

　　玻璃缸容器中出現了兩個明顯不同的水層。之所以會這樣，是因為熱水在冷水的上面，當一個人對著水面吹氣時，容器的一邊會形成一個帶有顏色的深水層，而另一邊（即離人較近的一邊）則會變成一個淺水層。當人停止吹氣後，有顏色的水又會流回到原來的地方。這就是我們平時所說的「聖嬰」現象了。

　　「聖嬰現象」每隔幾年都會出現在秘魯太平洋沿岸，引起大批魚類死亡，時間大約在聖誕節前後。風潮的改變是引起聖嬰現象的主要原因。通常情況下，太平洋上的信風是沿著赤道由東向西吹的，將暖海水堆積在西太平洋一帶的上層海水中，形成一個較深的暖水層，而南美太平洋沿岸則形成了一個冷水層。幾年過後，由於從東向西的信風減弱，導致位於西太平洋的暖海水流向東面，在厄瓜多和秘魯的太平洋沿岸蔓延開來，形成了一個缺乏養料的深暖水層，造成上層海水中的氧氣減少，致使大批魚類死亡。

## 冰川是如何形成的

　　看過《冰原歷險記》系列電影的人，應該都會對那個滿世界都是冰的時代很好奇吧？看著電影裡面的長毛象、樹懶、劍齒虎等動物在冰上滑來滑去，做各種高難度的滑冰動作，你是

## 冰川是如何形成的

不是覺得特別刺激、特別過癮呢？那個時期地球上正處於冰河紀，所以有這麼多冰川地區。可惜的是，現在我們的地球上卻沒有那麼多的冰山了，只在北極、南極等寒冷的地區才有。

儘管如此，還是有很多人對冰川充滿了好奇，不知道那猶如山一般高、平原一般遼闊的冰川是怎麼形成的，也不知道北極、南極等地的冰山為什麼能千萬年來都不融化。如果你也對冰川感到好奇的話，就一起來做一下下面這個小實驗吧，看看冰川到底是如何形成的。

首先，你需要準備好下列東西：一個杯子、一些沙子、一些小卵石、充足的水、一塊木板、一塊大石頭（或者其他堅固的支撐物均可以）、一把錘子、一根粗橡皮筋、一枚釘子、冰箱等。

準備好這些東西後，你就在準備好的杯子裡裝大約 2 公分高度的沙子和卵石，再往杯子裡面倒大約占杯子 3/4 體積的水。然後，你要把這個裝滿了沙子、卵石和水的杯子放進冰箱中（如果室外溫度在 0°C 以下的話，也可以把杯子放在室外的花園或者陽臺上），讓杯子在那裡冷凍整整一夜。

第二天，你從冰箱裡取出已經結了冰的杯子，再像昨天一樣，用沙子、卵石和水裝滿整個杯子，並把杯子重新放進冰箱，繼續冷凍；同時，去做一個「斜坡」——在木板的一端釘入一枚釘子，把木板靠在一個堅固的支撐物上面。等又凍了一

**Part 1　每日天氣早知道：教你了解天氣的形成過程**

夜後，再次從冰箱中取出結冰的杯子，把杯子在熱水中浸泡一小會兒，直到裡面的冰塊有了部分融化的現象，能夠完整地從杯子裡面滑出來為止。接著，把橡皮筋套在滑出來的冰塊（也就是冰川）上，把「冰川」放在木板的上端，用橡皮筋把它固定在鐵釘上。

然後，你就等著冰塊融化吧。在融化的過程中，你會看到原本鬆鬆散散的沙子、卵石則是以結成團的模樣，和水一起從「斜坡」上滑了下來，在某些地方還會留下沙子和卵石的痕跡，這就是所謂的「冰漬」了。

請問，原本鬆散的沙子、卵石為何能結成團呢？這其中有什麼奧祕呢？和冰川不容易融化有關係嗎？

**答案**

有關係。在這個實驗中，杯子裡製作好的沙子、卵石和水的混合冰塊就是自然世界中的冰川了。現實世界中的冰川就是如此，當它開始融化的時候，融化的水就會帶著岩石和土壤一起滑進山谷中。

之所以沙子、卵石會結成團，是因為冰川一般出現在氣候都非常寒冷的地方。在這些地區，即使是在溫暖的季節，雪也不怎麼會融化，反而會反覆結晶，變成堅硬的冰塊。當上部堆積的雪多過下部融化掉的冰時，這些冰塊的體積就會增大，漸

漸形成冰川、冰山。同時，嵌在冰川底部和冰川邊上的岩石會被冰川的重量碾磨成碎塊，而這些碎塊會在冰川的帶領下，合著卵石、沙子、黏土等一起移動。最後，當冰川上某個部位的冰塊融化時，那個地方的岩石碎塊就會從冰川上掉下來，沉積在地面上。

## 海市蜃樓

你見過「海市蜃樓」嗎？如果你沒有親眼見過，那麼，你在電視劇、電影中總聽說過吧？當人們行走在沙漠中時，有時走著走著，就會看到不遠處的地方有建築或者是綠洲。然而，當他們快速趕到那裡的時候，卻什麼都沒有，或者說怎麼走與看到的綠洲距離始終是那麼長；還有一種情況，居住在海邊的人，有時能看到海面上空出現了一座城市、高山的奇景，這些就是所謂的「海市蜃樓」了。

「海市蜃樓」作為一種奇特的自然現象，不僅在沙漠中經常出現，在海邊、城市中也有。只不過城市的人沒有注意，有時候看到了也以為是城市建築，沒有想那麼多。在城市中最常能見到這麼一種神奇的現象：在晴朗炎熱的夏天，如果你站在一段筆直的柏油路面上向前看，你就會看到柏油路的前方有一小

## Part 1　每日天氣早知道：教你了解天氣的形成過程

攤水在陽光下閃爍著。然而，當你走近觀察的時候，卻發現這個小水潭不過是個「虛幻的湖泊」，空無一物。這就是城市中最常見的「海市蜃樓」現象了。

如果你還不能了解這是怎麼一回事，可以用家裡的魚缸做個小實驗：把一個長方形的魚缸放在桌面上，在魚缸的下面放入濃鹽水，上面慢慢地注入清水。注意，這個動作一定要緩慢！這樣一來，清水才會漂在鹽水上。然後，你可以把一個小玩具放在魚缸比較窄的那一面，並用燈光照亮魚缸。這時，你從魚缸的對面看那個玩具，你會發現，除了在魚缸的下面能看到玩具外，在頂部也可以看到一個。

請你用「海市蜃樓」的原理來解釋一下上述現象是怎麼發生的。

### 答案

所謂「海市蜃樓」，其實是因為光的折射和全反射而形成的一種自然現象，是地球上物體反射的光經大氣折射後形成的虛像。

柏油馬路上並不存在的「小水潭」就是如此。當天氣炎熱時，柏油馬路因為吸收能力比較強，所以路面上的空氣要比其上方的空氣溫度高，當來自於天空的光在穿過冷熱空氣的邊緣時，就發生了折射現象。由於光線發生折射後改變了方向，那

條光線向你的眼睛方向彎曲了。因此，你所看到的小水潭其實是天空在地面上的影像，它倒立在了地面上，讓你產生了水的幻覺而已。而你在魚缸中看到了兩個玩具，也是光的折射在發揮作用，迷惑了你的眼睛。

我們生活中之所以會有「海市蜃樓」這種現象發生，也就是說，光線之所以會發生折射現象，是因為空氣的溫度不均勻造成的。這就是為什麼「海市蜃樓」一般只有在大熱天或者溫度較高的沙漠等地區出現的原因。因為產生的幻象的位置不同，人們把「海市蜃樓」分為「上蜃」和「下蜃」。上蜃一般出現在沙漠中，產生的幻象位於地平線的上面，而且看起來是正的；下蜃產生的幻象位於實物的下面，而且是倒過來的，城市中比較多見。

## 潮汐的產生

海水漲潮、退潮的這種現象叫做潮汐現象，是沿海地區經常出現的一種自然現象。發生在早晨的漲潮叫潮，發生在晚上的漲潮叫汐。但是，海水並不是天天都要漲潮的，而是分時間才會有的一種現象。那麼，漲潮、退潮這種現象是怎麼發生的呢？我們可以先來做一個小實驗，了解一下。

先找一個洗臉盆，倒進去大約 10 公分左右深的水，拿一個

Part 1　每日天氣早知道：教你了解天氣的形成過程

不怎麼重的小碗，讓它能夠漂浮在盆裡。接著，往碗中加入1公分深的水。然後，你就用勺子去慢慢攪動小碗，盡量將碗保持在洗臉盆的中央。在攪動的過程中，不斷加快旋轉勺子的速度，最後停下來。在這個過程中，你可以發現碗裡的水會沿著碗邊升起，並隨著速度的加快，不斷被甩出碗外。當速度慢下來的時候，碗壁的水就會慢慢迴流到碗中。

　　這種現象其實就和我們看到的漲潮原理是一樣的，你能理解其中的奧祕嗎？

**答案**

　　先看那個小實驗。碗裡的水在勺子的快速攪動下沿著碗邊飛出碗外，是因為離心力在發揮作用。所謂離心力，就是一種慣性力，能夠使旋轉的物體遠離它的旋轉中心。當旋轉的速度夠快的時候，該物體的容納物就會飛到物體外緣，甚至飛出去。

　　潮汐的產生其實也是離心力的作用。這是因為海水是隨著地球的自轉在旋轉，因為離心力的作用，使它們有離開旋轉中心的傾向，所以海水會從海裡漲到海岸上。這就好像旋轉的一把雨傘，會把雨傘上的水甩出去一樣，表現在海水上面，就是浪潮向前洶湧。

　　同時，海水還受到月球、太陽和其他天體的吸引力。因為月球離地球最近，所以月球的吸引力比較大。離心力和吸引

力的共同作用下就形成了引潮力。由於地球、月球在不斷地運動,地球、月球與太陽的相對位置在發生週期性的變化,因此引潮力也在發生週期性的變化,導致潮汐現象也是週期性發生。

Part 1　每日天氣早知道：教你了解天氣的形成過程

# Part 2
# 神祕莫測的空氣：
# 教你悄悄感受空氣的力量

　　同在一片藍天下，大陸國家的人去海島國家的時候會感覺海島國家的空氣特別溼潤，而海島國家的人則會覺得大陸國家的空氣比較乾燥；同一個地方，夏天的空氣和冬天的空氣會給人不一樣的感受；同一個季節，有些地方的空氣中都是霧霾、灰塵，而有些地方的空氣則是飛沙……為什麼同一個地球上的空氣會有這麼大的變化呢？為什麼有的空氣令人心曠神怡，而有的空氣卻會讓人咳嗽不斷？空氣到底有什麼魔力呢？要想對神祕莫測的空氣有一個了解，就去空氣的世界中了解一下它們的組成吧！你會看到毫無重量的空氣所帶來的力量是多麼無窮。

Part 2　神祕莫測的空氣：教你悄悄感受空氣的力量

## 毫無存在感的空氣

　　說起空氣，那絕對是世界上的所有事物中最低調的一族了：既看不見也摸不到，不喜歡拋頭露面不說，甚至很多時候都讓人感受不到它的存在。除了在環境汙染嚴重的時候，大家生活在霧霾天裡，才會覺出來空氣的重要性。平常的時候，誰又能記起來「空氣」這個無名之輩呢？現在就讓我們來關注一下「空氣」吧！

　　準備一個玻璃大碗（其他容器也可以，只要夠大），在裡面裝一半體積的水；把一個塑膠瓶攔腰剪斷，保留有蓋子的那半部分；取一個小浮標（或者一小塊松木或是泡沫塑膠等重量輕的東西都可以），並將其放在水面上，用那半個塑膠瓶（記得蓋上瓶蓋）把它罩住。現在，請你來想像一下，如果你把塑膠瓶往水裡壓，並且保證不會用手碰到小浮標，那麼，將會發生什麼現象呢？

　　儘管你沒有用手去壓小浮標，但是小浮標還是在隨著塑膠瓶的下壓而下降。你明白這是怎麼回事嗎？如果不明白的話，可以再做一個實驗。在這個實驗中，你在做之前可以先用釘子在瓶蓋上戳一個小洞，然後用麵糰堵住這個小洞。當你看到浮標伴隨著瓶子的下壓而下降的時候，取出麵糰（如果你不想戳小洞，可以在這時直接擰開瓶蓋）。這個時候，你會看到小浮標的

位置開始漸漸向上走了。如果你將手指靠近蓋子上的小洞，你還會感覺到一股氣流從裡面跑出來呢！一直到瓶子裡的水面和瓶子外的水面保持平衡的時候，浮標才停止向上漂浮。

試著來說一下，這兩個實驗中的浮標為什麼會有不同的現象發生呢？

## 答案

浮標（或其他泡沫等小東西）一般都是漂浮在水中，輕易不會沉下去。這個實驗令人稱奇的地方在於浮標本身是不會下沉的，下降的是瓶子裡的水面。原因就在於那半個瓶子看似什麼都沒有，其實有看不見的空氣。當你把瓶子往水下壓的時候，其實就是在用瓶子裡密閉的空氣把水面往下壓，所以在空氣的壓力下，原本不會下沉的浮標也開始下降了。但是，當你將瓶蓋打開之後，瓶子裡面的一部分空氣跑了出來。沒有了空氣的壓力，於是瓶子裡的水面以及浮標又回到了原來的位置。

由此可見，空氣真的是存在於生活中的各方面，如果沒有空氣，人不僅無法呼吸，而且連很多動作也無法完成，就連簡單的用吸管喝個可樂都會很難呢！

Part 2　神祕莫測的空氣：教你悄悄感受空氣的力量

## 氣泡的神祕世界

你了解氣泡嗎？或許有人會說：「氣泡有什麼好了解的，不就是泡沫嗎？一戳就破！」那麼，你知道氣泡是怎麼一回事嗎？這一節，我們就來了解一下氣泡。

實驗一：在燒一鍋水的時候，大約在 50℃時，水中就有氣泡出現了。我們都知道，這些氣泡其實是空氣，隨著水的溫度上升，這些空氣從水中分離了出來，以氣泡的形式出現。而鍋最熱的地方，也就是鍋底，也形成了一層水蒸氣的泡泡。除了燒開水的時候，我們在其他地方也能看到泡泡，而且這些泡泡無一例外都是圓球形狀的。你知道這是為什麼嗎？

實驗二：你喝過氣泡酒或者香檳酒嗎？即使你沒有喝過，你應該也見別人喝過吧？那麼你有沒有注意過對方是怎麼開酒瓶的呢？如果你注意過的話，你會發現很多人在開酒瓶的時候，一般是先固定酒瓶，再轉動瓶塞將它打開。但是，這樣的開瓶方法並不是正確的，正確的技巧應當是固定住瓶塞，去轉動酒瓶，直到瓶塞開始活動為止。然後，等你從瓶塞的側面慢慢地放出裡面的氣體後，就可以輕而易舉地拔出瓶塞了！

但是，在這其中，人們關於香檳酒的氣泡有一個誤解：很多人認為在酒瓶的瓶頸裡放一個小勺子就能防止氣體逸出了。但是，精確的測量表明根本就不是這樣！不相信的話，你去這

樣實驗一下,並觀察瓶子裡的泡泡,你會發現,這樣做只會讓小氣泡上升得比較慢、大氣泡上升得快而已,並沒有什麼其他的影響。請問這是為什麼呢?

**答案**

實驗一:泡泡表面各方向的力都是相等的。當起泡泡的時候,原本那些氣體小分子是隨便跑的,但是,每個地方都有同樣多的小分子,最後就像拔河一樣,僵持在一起,成為相互均衡的力,變成了一個球面。

實驗二:大氣泡上升得快,是因為氣泡越大,與同體積的若干個小氣泡相比,表面積就越小,在水中受到的浮力就越大,往上浮的力就越大。

## 有利於健康的大氣層

如果給你一顆蘋果,你能用它做什麼實驗呢?你可以把這個蘋果從中間對半切開,去觀察一下內部的結構,你會發現什麼呢?

你會發現,蘋果是由一個果核、一層果肉和一層包裹在果肉外的果皮構成的。那麼,從蘋果的這層薄薄的果皮到它的內

Part 2　神祕莫測的空氣：教你悄悄感受空氣的力量

部構成，你有沒有聯想到環繞著地球的整個大氣層呢？其實，和地球本身相比，包圍著的大氣層雖然像蘋果皮一樣薄，但是如果沒有了這個氣層，地球上所有的生物將不能存活。

地球大氣層
散逸層
增溫層
中氣層
平流層
臭氧層
對流層

如圖所示，這就是我們地球上的大氣層結構。你能說一說這些不同的氣層都有什麼作用嗎？

## 答案

我們把環繞著地球的那個氣層稱為「大氣層」，類似於蘋果的最外層的果皮。大氣層是由很多不同的氣層構成的，主要分為以下幾層：

對流層：一般指的是從海平面到 10 公里的高空，裡面集中了幾乎全部的水氣，地球上的各種自然天氣現象也是發生在這一層中。所以，對流層可以說是與我們人類的生產、生活關係最密切的一層。

平流層：指的是從對流層的頂部向上到 50 公里左右的高空。這一層大氣中集中了大部分的臭氧，形成了一個天然的臭氧層。平流層中基本上沒有水氣，一般都是晴朗無雲的，很少發生天氣變化。如果你搭過飛機的話，飛機飛行的位置以及你看到的雲層等就屬於平流層了。

中氣層：從平流層頂部到 80 公里左右的高空是中氣層。中氣層典型印證了「高處不勝寒」這句話，這裡是一個非常寒冷的氣層，最低溫度可達零下 80°C。

增溫層：從中間層頂部到 500 公里左右的高空是增溫層。你沒想到吧？增溫層不僅比中間層的位置高，竟然還能比中間層的溫度高。但這就是一個神奇的氣層。

散逸層：增溫層以上 700 公里到 1,000 公里的高空是散逸層。這是地球大氣層和周圍宇宙空間進行物質交換的地方。由

Part 2　神祕莫測的空氣：教你悄悄感受空氣的力量

於空氣受地心引力極小，氣體和微粒能夠飛出地球逃到太空中去。它又叫散逸層。

看完地球大氣層的分布，是不是覺得大氣層非常厚呢？但是，事實上卻是大氣層非常薄，90%的空氣集中在大氣層底部16公里的氣層中。所以，為了我們的生命安全、生活品質，我們都要保護好地球的大氣層。

## 煮蛋比賽

小黎的媽媽生病了，沒辦法早起為小黎做飯。小黎就想：往常都是媽媽做飯給我吃，今天媽媽生病了，我也為媽媽做一次早飯吧！所以，小黎就想為媽媽煮兩顆雞蛋。

等小黎找煮鍋的時候，他不知道媽媽把鍋蓋放在哪了，又不想去吵媽媽，於是就沒蓋鍋蓋直接煮。然而，這一次，小黎看著鍋裡的水，都過了十多分鐘了，水才開始沸騰。又過了幾分鐘，雞蛋才煮好。小黎十分納悶：往常上學的時候，媽媽只煮了五六分鐘就好了啊，今天怎麼煮了這麼久呢？

親愛的讀者朋友們，你知道是怎麼一回事嗎？

**答案**

很簡單，就是因為小黎沒有蓋鍋蓋。如果蓋鍋蓋的話，鍋裡面的水就會開得比較早，所以，雞蛋也熟得比較快。

沒有鍋蓋，鍋裡的熱量會直接散發掉一部分，導致水溫上升較慢，雞蛋就熟得慢了。

## 自製溫度計

自從有了智慧型手機，我們每天起床，都會在手機上看到當天新出爐的天氣預報，裡面有一天的天氣情況如陰晴、溫度等。值得一說的是，這裡的溫度並不是一個籠統的數字，而是詳細到每個時間段的溫度。那麼，這個溫度是怎麼測量出來的呢？如果你想知道的話，那就一起來自製一個溫度計吧！有了這個溫度計，你不僅知道溫度是如何測量出來的，還可以自己在家測量溫度喲！

先準備好以下幾樣東西：一個玻璃瓶、一枝蠟筆、用墨水或者食用顏料染過顏色的自來水、橡皮泥、一根透明的吸管、剪刀和一片硬紙板。準備好這些東西後，實驗就可以開始了！

你先在瓶子裡面倒入大約占瓶子 3/4 體積的已經染上了顏色的自來水，接著把吸管插進瓶子裡，然後把橡皮泥塞在瓶口，

## Part 2　神祕莫測的空氣：教你悄悄感受空氣的力量

固定住吸管，將瓶子密封起來。這個時候，小心地朝著吸管吹氣，等著水進入吸管後繼續吹，看著水慢慢地往上升。當吸管中的水上升到瓶口上方時，就可以停止吹氣了。

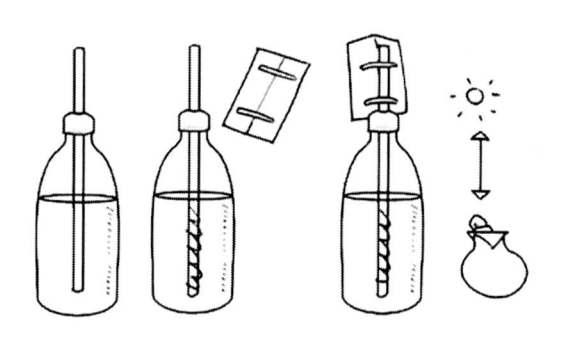

如插圖所示，將硬紙片對摺後，在上面剪兩道小口子，把硬紙片穿在露出瓶子外面的吸管上。然後，在硬紙片上記下吸管中的水位。這個簡易的溫度計就做好了。

當你把這個簡易溫度計放在太陽下面或者放到暖氣片的旁邊時，你就會看到吸管中的水柱在溫度較高的環境中慢慢上升了；如果你把溫度計放在溫度低的環境中，這個水柱就會下降。

現在，請你來說說看，你能成功自製溫度計的原因是什麼？即溫度計的工作原理是什麼？

**答案**

你成功製成的這個溫度計，就是利用了空氣、液體會「熱脹冷縮」的原理。當你把「溫度計」放在一個溫度較高的地方時，

瓶子裡的空氣會受熱膨脹，產生一個壓力，將瓶子裡的水壓進吸管中，所以吸管中的水就上升；當瓶子裡的空氣在一個溫度較低的地方時，因為空氣會遇冷收縮，就會把吸管中的水往下「吸」，導致吸管中的水柱下降。

## 氣壓計的工作原理是什麼

1640年10月的一天，萬里無雲，科學家伽利略和他的兩個助手一起，在水井旁進行抽水泵實驗。只見伽利略把軟管的一端放到水井中，然後把軟管掛在離井壁3公尺高的木頭橫梁上，而軟管的另一端則被連線到手動的抽水泵上。而後，那兩個助手搖動著抽水泵的木質把手，慢慢地，軟管內的空氣就被抽出來了。

當管內的空氣抽完後，水在軟管內就開始慢慢上升了。但在這個時候出現了一個問題：不論那兩個助手怎樣用力搖動把手，抽水泵把軟管都吸得扁平了，水管中的水離井中水面的高度始終不會超過9.7公尺。這是怎麼一回事呢？帶著這個問題，伽利略的助手之一托里拆利開始研究抽水泵的奧妙。

伽利略提出，液體的密度不一樣，抽水泵能吸上來的高度就不一樣。而造成這種不一樣的原因，托里拆利懷疑與軟管中

## Part 2　神祕莫測的空氣：教你悄悄感受空氣的力量

液體上面的真空有關。於是，為了研究液體上面的真空，托里拆利一遍遍地做實驗。終於，托里拆利找到了其中的祕密。當這個實驗在不同的天氣狀況中進行時，液體能被抽來上的高度果然不一樣。

如果你還想不出其中的奧祕所在的話，可以做個實驗來幫助自己找到答案。你找來一個茶碟、水、一個塑膠瓶和膠帶這四樣東西就行。然後，你在茶碟中加入一半水，在塑膠瓶裡加入大約占瓶子體積的 3/4 的水。接著，就用大拇指堵住瓶口，把瓶子倒過來。然後，在放開大拇指的瞬間，快速地把瓶子（瓶口向下）插到茶碟的水中，用膠帶在瓶身上黏一張紙片。

你會看到塑膠瓶裡的水沒有像想像中那樣立刻流出來，但水柱卻略微有些下降了。不一會兒，水柱又馬上穩定了下來。之後，隨著外部氣壓的變化，水柱還會出現上升或者下降的現象。這和抽水泵的原理是一樣，都利用了一種東西的重量。你知道這種東西是什麼嗎？

**答案** ●●●●●●●●●●●●●●●●●●●●●●●●●●●●●●●●●●●●●●●●●

就是空氣。塑膠瓶裡的水之所以會下降，是因為茶碟上方的空氣對茶碟裡的水產生了一個壓力，使得塑膠瓶裡的水無法流出瓶子，卻被吸得下降了。要是你在塑膠瓶中水位每次達到的地方都做上標記的話，你就可以清楚地看到水位的變化情況

了。當水壓和氣壓達到平衡後，水位就不會再下降。塑膠瓶裡的水柱會隨著氣壓的上升而上升，隨著氣壓的降低而降低。當氣壓較低時，就意味著我們將會迎來一個溫暖而溼潤的天氣。

托里拆利發現的抽水泵的祕密也是如此。他發現，空氣也是有重量的。當大氣重量改變時，它施加的壓力就會增大或減少，這樣就會導致軟管中的液體升高或下降。人們就可以利用這一點來測量和研究大氣壓了。

## 幫氣球裝兩隻玻璃耳朵

說起氣球，大家是不是覺得氣球特別輕呢？甚至你不小心鬆開了手，有些氣球還能飛到天上去呢！可是，你相信嗎？就是這樣一個重量很輕的小氣球，也能載得動兩個玻璃水杯呢！眼見為實，我們可以做一個小實驗，替氣球安裝兩個玻璃耳朵。

準備一個小氣球，將它吹滿氣，然後緊緊綁住氣球的吹口。接著，取兩個小玻璃杯來，在兩個杯子中加滿沸騰的熱水，用熱水來提升玻璃杯的溫度。等你感覺玻璃杯燙手了，就倒掉熱水，然後迅速地將玻璃杯口貼在氣球的兩側。接下來，你就會看到這兩個玻璃杯形成了氣球的兩個「耳朵」。

你還可以取一杯冷水，淋在兩個溫熱的玻璃杯外面，讓其

055

## Part 2　神祕莫測的空氣：教你悄悄感受空氣的力量

快速降溫。試試看將一邊的玻璃杯豎直提起後，看另一邊的玻璃杯能不能依然緊緊地貼在氣球上面呢？你知道這是為什麼嗎？

### 答案

兩個明顯比氣球要重的玻璃杯之所以能安安穩穩地貼在氣球上掉不下來，是因為玻璃杯內外的大氣壓強不一樣。

我們往玻璃杯加入熱水後，玻璃杯的溫度提升了，使玻璃杯內的空氣熱了起來。這個時候迅速將杯口扣在氣球上，再用冷水替它們降溫，玻璃杯內的空氣因為變冷而發生了體積收縮，使得杯內的氣壓變低。而此時貼附著的氣球因為沒有受到干擾，一直保持著穩定的內部氣壓，這樣與玻璃杯內的大氣產生了氣壓差，緊靠杯口的那一部分氣球被吸附到杯內去，就牢牢地將玻璃杯吸住了。所以，玻璃杯才掉不下來。我們平常見到的拔罐其實也是利用了這個原理。

當你用力將一邊的玻璃杯豎直提起後，你在提的過程中會感受到一股非常大的力，需要你用力才能提起來，同時另一邊的玻璃杯也不會掉下來。如果你用的力不夠大，你是不能把玻璃杯與氣球分開的，也不用擔心它們掉下來，反而會看到被揪起來的氣球。

## 替魚缸巧妙換水

遠遠家是開海鮮餐廳的，經常養著各式各樣的魚類、海鮮，供顧客挑選食用。但是，當生意做得越來越好了，魚缸也越來越大了，緊接而來的有一個難題，那就是替魚缸換水太不容易了！這是因為遠遠家的餐廳為了節省成本，沒有安裝水槽，直接購買的大而重的玻璃水缸，很不方便搬挪位置。每次換水的時候，餐廳的工作人員是小心又小心，就怕把魚缸打碎了。

有一次，遠遠看見餐廳的工作人員給魚缸換水的過程，覺得十分麻煩，他就想有什麼簡單的好辦法呢？於是遠遠就上網尋找，終於，他找到了一個辦法：替魚缸換水的時候，準備一個大水桶，將這個水桶放到比魚缸低的地方；然後，遠遠找來一根夠長的塑膠管，使管內充滿了水放入魚缸中。

神奇的一幕來了！當遠遠分別用兩個拇指捏住塑膠管的兩端時，將它從魚缸中取出來，並將充滿水的塑膠管一頭放置到魚缸中，另一頭放置到準備好的水桶中，然後再鬆開拇指，水就會慢慢地從魚缸裡跑到水桶中去了！就這樣，特別輕鬆地就換好了水。

雖然方法很實用，但是遠遠卻不知道這是為什麼。你能告訴遠遠他找的這個方法的工作原理是什麼嗎？

Part 2　神祕莫測的空氣：教你悄悄感受空氣的力量

**答案**

這個方法就是利用了虹吸原理來替魚缸換水，也就是我們所說的虹吸。虹吸是利用重力和分子間的內聚力，形成一個液面高度差的作用力。將液體充滿一根倒 U 形的管狀結構後，將開口高的一端置於裝滿液體的容器中，在重力作用下，容器內的液體會持續透過虹吸管開口高的那一端吸入，從位置低的開口流出來。

在這個遊戲中，遠遠先把塑膠管放在魚缸中，將其充滿了水，並用拇指堵住兩個開口。其實，這就是自製了一個虹吸管。當管子的兩端不在一個高度上時，管內的水就會從低處的管口流出來，發生虹吸作用。在虹吸作用下，魚缸中的水就會透過塑膠管，流向較低的地方去，這樣就能輕鬆地為魚缸換水了。

## 從老鼠洞聯想到了什麼

我們看卡通《湯姆貓與傑利鼠》的時候，會發現傑利鼠的房子有好幾個洞口，湯姆貓經常是堵在了這個洞口，傑利鼠就從其他洞口跑出去了。如果你細心觀察的話，你還會發現這幾個洞口的高低位置都不一樣。大家不要以為這是為了產生喜劇效果而隨意瞎掰的，真正的老鼠洞確實有好幾個洞口，而且洞口

## 從老鼠洞聯想到了什麼

的位置也確實有高有低。

不只老鼠洞如此,很多穴居動物的洞口都是如此安排的。那麼,穴居動物的住處為什麼會有高低不同的幾個洞口呢?你知道這樣的安排有什麼祕密嗎?

**答案**

穴居動物之所以會有幾個洞口,而且洞口的位置分別處於不同的高度上,是為了空氣的「對流」。這是一種熱傳遞的方式,能把熱量從熱的地方輸送到冷的地方。眾所周知,地下的溫度不怎麼高,當動物處於自己的巢穴底部時,牠們呼吸著周圍的空氣,而牠們的體溫會讓周圍的部分空氣受熱。當空氣受熱後,就會上升,如果高處沒有洞口的話,這些熱氣體就無法流出去,空氣就無法流轉、通暢了。所以,為了讓空氣更好地流動,動物的洞穴就設定了高低不同的洞口,受熱上升的這部分比較混濁的空氣會從上方的洞口流出,而下方的洞口則會湧入新鮮的空氣來補充,就形成了一個自動通風系統。

不僅老鼠洞是如此,我們生活的地球以及太陽的外部圈層也是如此,都是透過對流來由內而外地傳遞熱量、交換空氣。這樣,來自太陽的光和熱才能到達地球,地球上的空氣也能保持流動、新鮮。

## 被祝福的天燈

我們在看電視劇的時候，有時候會看到這麼一個浪漫的橋段：男主角帶著女主角去放天燈，並許下兩人一生一世在一起的美好祝願。其實自古以來就有放天燈習俗，透過天燈來向神明表達自己的訴求和願望。既然如此，我們就來做一個小小的天燈吧！

先準備好做天燈需要的東西：三張大薄棉紙、裁紙刀、剪刀、尖嘴鉗、棉線、工業酒精、膠帶、電線、棉花、竹條。東西準備好後，就可以做了。

第一步，用刀將竹條裁剪成小於3公釐厚度的一個薄條，然後，將這根竹條彎成一個圈，用棉線或著膠水固定住。因為竹子有彈性，竹圈可能不怎麼圓，這時可以用小火烤一烤，使竹圈固定成圓形。

第二步，用尖嘴鉗把廢電線外面的絕緣層去掉，可以得到一股細銅絲。如果銅絲太細的話，預防燒斷，可以用3根銅絲撐在一起。然後把這股銅絲弄成一個十字架的形狀。

第三步，將三張薄紙疊放在一起，然後將紙張對折一次，用裁紙刀將這些薄紙剪出一個弧形。然後將這三張弧形的紙黏在一起，形成一個與竹條圍成的圓圈等大的圓柱體。

第四步，將這些黏好的紙片底端固定在竹條圍成的圓圈上，

把用銅絲做成的十字架固定在圓圈上。

第五步，在十字架銅絲上纏上浸了酒精的棉花，天燈就做好了。

找一個空曠、無風的地方，點燃棉花，就可以放飛天燈了。

看到這裡，你能否明白天燈的工作原理呢？

同時注意：天燈必須要在無風的天氣和空曠的場地上放飛，否則不但不能飛上天，而且還可能會引起火災。放飛時，需要2～3人的共同協力，強烈要求有成年人陪同。另外，可以在天燈底部拴上線，這樣既可以重複放飛，又能控制起飛高度和範圍，避免引起火災。

## 答案

天燈之所以能被放飛，是利用了空氣的重量和密度。由於棉花上浸溼了酒精，所以，一點就著了。棉花燒著後，帶來了熱量，使天燈內部的空氣溫度升高。空氣溫度升高後，密度就會變小，質量就會比天燈外面的冷空氣要輕，所以就產生了一個上升力，天燈就往天上飄了。相傳三國時，諸葛亮被圍困在平陽，諸葛亮（字孔明）發明了這一燈籠，用來報信，後人就稱為天燈。

Part 2　神祕莫測的空氣：教你悄悄感受空氣的力量

# 會「流汗」的雞蛋

　　你不要以為只有人熱了才會流汗，雞蛋要是熱了的話，也會「流汗」呢！不相信？那我們這就來看看雞蛋是怎麼「流汗」的吧！

　　在實驗之前，你需要準備的東西有一個易開罐（要比雞蛋大一點）、一些沙子、一個新鮮的雞蛋、一盞酒精燈和一把鐵鉗。

　　東西準備好後，拿起剪刀，把易開罐的上半部分剪掉，大約剪去三分之一就可以了，然後再往易開罐裡放一些乾燥的沙土。做好這些後，將雞蛋埋進易開罐的沙土中，記得將大頭那端放進沙土裡，露出小頭的那一端。接著，點燃酒精燈，並用鐵鉗夾住易開罐，將其放在火焰的上方。這是一個時間有點長的過程，需要做實驗的人有一定的臂力和腕力，不能中途將易開罐放下來。就這樣，用酒精燈對易開罐持續加熱，你會看到什麼情景呢？

　　如果不出意外的話，沒多久，你就會看到易開罐中的雞蛋蛋殼表面上冒出了一小滴一小滴的水珠，就好像雞蛋在「出汗」似的。請問，這是怎麼一回事呢？

**答案** ●●●●●●●●●●●●●●●●●●●●●●●●●●●●●●●●●●●

　　這是因為雞蛋像人體一樣，人有毛孔，雞蛋殼中也有細孔。我們看雞蛋的外殼，不用觸摸，單用眼看，就能看出蛋殼

的表面是粗糙不平的,甚至在有些蛋殼上還能看到許多的小細孔。據不完全統計,一顆雞蛋表面的小孔有 7,000 個左右。為什麼雞蛋殼上有這麼多小孔呢?這是因為雞蛋是有生命的,而生命的存活則離不開空氣;而且,蛋中的小雞想要生長發育,也都是需要呼吸的。牠們所呼吸的空氣就是透過蛋殼上的小孔進入蛋內的。

當我們加熱雞蛋的時候,因為溫度升高了,蛋殼表面的氣孔受熱膨脹,將蛋殼內的水從各個氣孔中擠了出來,就形成了雞蛋流汗的現象。不僅外部的空氣能讓蛋殼「流汗」,如果你用針筒往雞蛋裡面注射空氣的話,也是能形成較大的空氣壓力的,依然會讓雞蛋「流汗」。

## 一個關於氧氣的實驗

所有的人和動物為了生存,都必須呼吸空氣、必須吃食物、必須喝水,但是,植物又不像人和動物一樣會尋找食物,它們也沒有鼻子、嘴巴,是怎麼活下去的呢?不用擔心!儘管植物看似什麼都不具備,但是它們卻能進行光合作用,而這就是它們存活的根本。植物在進行光合作用的時候,能夠藉助於太陽把空氣中的水分和二氧化碳合成一種含糖的化合物(葡萄糖)後,再生產出自己需要的養分,同時釋放出氧氣。如果是水生

## Part 2　神祕莫測的空氣：教你悄悄感受空氣的力量

植物的話，就會吸收溶解在水中的二氧化碳，再把氧氣釋放到水裡。

與人、動物不一樣的是，植物需要呼吸的是空氣中的二氧化碳，然後會生成人與動物賴以生存的氧氣。不過，植物真的能釋放出人類所需要的氧氣嗎？我們可以做個實驗來證明一下。

找兩株池塘裡的水生植物（伊樂藻和水蘚都可以）、三個帶有蓋子的乾淨的玻璃瓶子、三枚用潤滑凝膠薄紙擦拭過（為了除去鐵釘上的防鏽物質）的鐵釘、充足的開水、從藥房買回來的三小包碳酸氫鈉、一個薄紙板、一卷透明膠帶。準備好這些東西後，就可以在三個玻璃瓶中裝滿開水了，並在每個玻璃瓶中倒入一包碳酸氫鈉，在每個玻璃瓶中投入一枚鐵釘。做好這些後，就把這兩株水生植物分別放在其中兩個玻璃瓶中，再替其中一個玻璃瓶裹上一層用來遮光的紙板，另一個玻璃瓶什麼也不做。最後，為這三個玻璃瓶都蓋上蓋子，將它們放在一個陽光充足的窗臺上，等待一天或者一天以上的時間，你看看最後發生了什麼變化。

過了一天多後，你會看到其中一個玻璃瓶中的鐵釘開始生鏽了，而這個玻璃瓶就是既裝了水生植物，同時又暴露在陽光下的那個玻璃瓶。另外兩個玻璃瓶中的鐵釘則沒有生鏽的跡象。你知道這是為什麼嗎？

**答案** ●●●●●●●●●●●●●●●●●●●●●●●●●●●●●●●●●●

　　這是因為暴露在陽光中的玻璃瓶裡面放了水生植物，所以生成了氧氣，讓鐵釘生鏽了。

　　眾所周知，潮溼的空氣會令鐵製品生鏽，是因為鐵和氧發生了氧化反應，而這兩個條件如果缺少了一個，鐵釘就不會生鏽。在實驗剛開始的時候，三個玻璃瓶中的水都不含有氧和二氧化碳，因為這兩種氣體在水沸騰的時候就已經從水裡跑掉了。當你在開水裡溶入碳酸氫鈉後，水裡就會生成植物光合作用所必需的二氧化碳了。但是，植物光合作用只有在光的作用下才會進行。因此，暴露在陽光下的那個玻璃瓶裡的植物發生了光合作用，生成了讓鐵釘生鏽的氧氣氣泡。被紙板遮掉光線的玻璃瓶子則沒有生成氧氣，裡面的鐵釘自然也就不會生鏽了。

# Part 2　神祕莫測的空氣：教你悄悄感受空氣的力量

# Part 3
# 清澈怡人的水：
# 你不知道的關於水的許多古怪脾氣

　　白居易在他的詩歌〈玩止水〉中說道：「動者樂流水，靜者樂止水。」這說明了不同性格的人喜歡的水的形態是不一樣的。然而，大家知道嗎？不僅人有或動或靜的性格，水也並不是表面看起來的那麼清澈怡人，它有許多古怪的脾氣：當水安靜的時候是涓涓細流，當水狂躁的時候可以是洪水猛獸，當水有耐力的時候可以水滴石穿……此外，水還可以變成固體、氣體，總之，令人捉摸不透。而且，水還是地球表面覆蓋量最多的天然物質，是人類、動植物賴以生存的泉源。所以，對人類這麼重要的水，又有著那麼多無法估量的性格和脾性，那麼我們就更加需要來重新認識一下水了，以便加深對它的了解。

Part 3　清澈怡人的水：你不知道的關於水的許多古怪脾氣

# 淨化水和蒸餾水

隨著地球汙染越來越嚴重，市面上開始販賣淨水壺、自來水淨化器，甚至還有商店在賣蒸餾水，說這樣的淨化水喝了對人體有好處。淨化水和蒸餾水對人體有沒有好處暫且不說，我們先來講講水是如何淨化的，以及蒸餾水是怎麼做出來的。

首先，取一個洗乾淨的 2.5 升的塑膠大可樂瓶，將可樂瓶的底部裁成一個開口的形狀。在瓶蓋上打一個小孔，能插入吸管即可。插入吸管後，最好與瓶蓋內側保持嚴密，以便淨化後的水能流出來，然後再用膠水黏合吸管與瓶蓋的縫隙。接著，擰緊瓶蓋，將瓶子倒置過來，留著備用。

為了讓實驗的效果更加明顯，在淨化之前，就不要選擇自來水了，而是選用泥漿水。接著，在可樂瓶子中依次放入棉紗布（最好為醫用脫脂棉紗）、碎石、沙礫、細沙、木炭粉等，最後再蓋上濾紙，然後緩慢地倒入泥漿水。

在瓶口（即可樂瓶的瓶蓋與吸管的連線處）下放一個乾淨的玻璃杯，用來接住從吸管中滴出來的水。你會看到，從吸管口滴落下來的就是經過過濾的乾淨的水了。

在製作蒸餾水的時候，不用這麼複雜，只需要準備一盆水、半袋鹽、一個玻璃杯、保鮮膜就可以了。先在這盆水中加入半袋鹽，攪拌均勻後，把一個空玻璃杯放在水盆的正中間，最後

## 淨化水和蒸餾水

再用保鮮膜將水盆密封好。做好這些後，就找一個小石塊或其他有重量的東西放在保鮮膜的正中間，使得保鮮膜塌陷成一定的坡度，最低點恰好對著玻璃杯的杯口。慢慢地，這個玻璃杯就會被蒸餾水給填滿了。

那麼，你能說一說淨化水和蒸餾水的製作原理是什麼嗎？

**答案**

製作淨化水的時候，我們看可樂瓶中放的東西，有棉紗布、沙礫、木炭粉等東西，這些東西都具有過濾的作用，能夠過濾掉水中的泥漿。尤其是木炭粉這個東西，可以有效去除水中的小分子有機物、色、味、重金屬等有毒有害的物質，改善水的口感，還具有長期的殺菌、抑菌功能，製作出來的淨化水既乾淨又衛生。

顧名思義，蒸餾水有一個很重要的步驟就是「蒸」（也就是高溫）。在這個實驗中，我們將準備好的水盆放到陽光底下，水分就會受熱蒸發，而後冷凝在保鮮膜上面，順著保鮮膜被壓出的坡度滴落在空杯子中，形成了純淨的蒸餾水。就像每次蒸包子、饅頭的時候，鍋蓋上面的水珠其實就是蒸餾水。這個方法經常被中東的一些國家使用。因為當地的客觀條件不足，缺乏淡水，他們就利用蒸餾的方法將海水淡化，很容易就能取得飲用水。

Part 3　清澈怡人的水：你不知道的關於水的許多古怪脾氣

## 水火相容

　　自古以來，我們都聽說過「水火不相容」這個詞語，現實生活也告訴我們確實是如此。可是，如果水火不相容的話，報導中出現的「海底火山噴發」這樣的新聞又是怎麼回事呢？按理說，海底的火山不是應該被海水澆滅了嗎？怎麼還會噴發出來，形成海嘯呢？如果你想知道是怎麼回事，就讓我們在水中模擬一次「火山噴發」的情景吧！

　　先準備好一個廣口瓶，裝上約 3/4 的冷水。一定不能太滿，以免玻璃瓶入水時，冷水溢位瓶口。再找一個透明的玻璃瓶，大小以能被裝進那個廣口瓶為好，高度最好是廣口瓶的一半，這樣產生的實驗效果會更加明顯。接著，為了控制玻璃瓶的速度，可以在玻璃瓶的瓶口上繫一根細繩，拉著這根繩子把玻璃瓶有條不紊地放入廣口瓶中。在將玻璃瓶放入廣口瓶之前，先要在玻璃瓶中滴入數滴紅墨水，然後再加滿熱水，混合成紅色的液體後，才能將玻璃瓶放入廣口瓶的中底部。

　　等放好後，你就能看到玻璃瓶中的紅色液體慢慢地從瓶底生成了一朵一朵的「紅雲」，浮現在廣口瓶的上端，看起來就宛如火山噴發的情景。

　　請問，墨水為什麼會自動地噴上來呢？為什麼紅色液體沒有四處蔓延，而是往上漂浮呢？

## 答案

　　這是因為玻璃瓶中裝滿了熱水。水遇熱後會膨脹,導致溫水的分子距離比冷水的要大。因為溫水的密度小,同樣體積的水,溫水的重量要比冷水的輕一些,所以,紅色的液體就會上升,而冷水自然下沉,就形成了火山爆發一樣的現象。

　　當溫水與冷水混合一體後,色素便會在水中迅速擴散開來,因此,就形成了紅色的「雲朵」,充滿了廣口瓶的上端,直到它們在水中的熱量互相傳遞達到一致為止。如果你想看見彩色「火山」的噴發效果,也可以用五彩的顏料來替代紅色墨水。

　　海水之所以撲不滅海底火山,是因為海底火山的「火」與陸地上的「火」不一樣。我們平常所說的「火」指的是物體正在進行的發光發熱的一種氧化反應,而火山中的「火」卻是一種熾熱的岩漿,並不是正在進行著的反應,所以水對它沒有什麼作用。再者,火山的熱源來自於地殼的深處,那是水到不了的地方。當岩漿噴發到水中時,只能說被降溫、被冷卻,卻不會被撲滅。當舊的岩漿被冷卻後,新的岩漿又噴出來了,海底火山就這樣形成了。

Part 3　清澈怡人的水：你不知道的關於水的許多古怪脾氣

## 零度的沸騰

在一節實驗課堂上，老師向同學們提了這麼一個問題：「同學們，你們知道沸騰的水是多少度嗎？」

同學們覺得老師問的這個問題太簡單了，但還是大聲回答道：「是100℃。」

老師聽後笑著說：「看來同學們都知道這個生活常識啊！但是，今天我就是要告訴你們，不僅100℃的水可以沸騰，接近0℃的水也可以沸騰。」

同學們聽後面面相覷，紛紛說：「這怎麼可能？」

結果老師也沒有多說，而是拿來了準備好的東西，開始了實驗。

老師準備的東西很簡單：一杯剛從冰箱中拿出來的冰水、一個有蓋子的小容器、酒精燈、一個小臉盆。老師先在這個小容器中加入了自來水（注意不要加得太滿，一是避免水開了溢位來，二是為空氣留有空間），然後點燃酒精燈，將冷水燒開（在燒水的過程中，這個容器一定要蓋上蓋子，保持一個封閉的狀態）。當老師看到水沸騰後，就停止了加熱。接著，老師就將容器放入了水盆中，並把冰水澆在容器的上面，神奇的一幕出現了：容器內部已經停止沸騰的水又開始沸騰了！

同學們紛紛稱奇，卻不知道是怎麼回事。當老師講解了其中的奧祕後，同學們才恍然大悟。你知道為什麼會有這樣的奇蹟發生嗎？

**答案** ••••••••••••••••••••••••••••••••••••

用零度的冰水讓水沸騰起來，就是利用了水的沸點、冰點與大氣壓強之間的關係做到的。通常狀況下，在標準大氣壓下，水要達到100℃才能沸騰。但是，隨著氣壓的改變，水的沸點是會改變的。當氣壓升高時，水的沸點會升高；當氣壓降低時，水的沸點會降低。

在這個實驗中，比如在高山之上，沸水不能把雞蛋煮熟，是因為高山的氣壓低，使水不到100℃就沸騰了。

水剛燒開的時候，裡面的空氣會受熱變成水蒸氣，溢位水面。但是，由於這個實驗中的容器是封閉的，所以這部分水蒸氣只能充盈在沒有水的空間中，並不會溢位來。當用接近零度的冰水去澆灌這一部分的時候，導致這一部分的溫度降低了，使得水蒸氣冷凝成了水滴。這樣一來，這部分空間的氣壓就變小了，導致水的沸點也降低了，所以，不沸騰的水又開始沸騰了。

Part 3　清澈怡人的水：你不知道的關於水的許多古怪脾氣

## 可樂的三種形態

　　一到夏天，可可最喜歡的就是喝冰可樂了。所以，一入夏，可可就會讓媽媽買來很多可樂，並將它們放到冰箱的冷凍層中。等感覺特別熱的時候，就拿出來喝一瓶，特別爽。

　　不知道是不是這個夏天的可樂凍得太多了，這一次，可可從冰箱裡拿出來的可樂已經有一半結冰了。可可用手捏捏凍成冰的那部分，發現硬硬的，捏都捏不動。而沒有被凍住的那部分，則直接被捏得變了形。可可覺得十分好玩，就在那捏來捏去的，等玩夠了才擰開蓋子打算喝。然而，當可可擰開蓋子的瞬間，一股氣「刺」地冒了出來。可可頓時覺得好神奇啊！一瓶小小的可樂，既有固體，還有液體和氣體，豈不是和我們的世界一樣嗎？

　　請問，你是怎麼看待固體、液體和氣體的呢？為什麼可可會覺得小小的可樂和我們的世界是一樣的呢？

> **答案**
>
> 　　所謂固體，就是指具有一定的體積和固定形狀的物體，質地比較堅硬，組成它的微觀粒子會按照一定的規則排列起來，是人們口中所說的結晶態，比如石頭、木頭等。由於這些固體的物質微粒都有較強的相互作用力，能夠在各自的平衡位置附

近做無規則的振動，因此固體都有一定的體積、形狀，並且融化和凝固都有確定的溫度。

所謂液體，則是一種沒有固定形狀、能夠流動的，但是有一定體積的、不容易被壓縮的物體，比如牛奶、飲料等。組成液體的微粒之間也有較強的作用力，分子的排列情況接近於固體，卻不像固體那樣會凝聚在一起。所以，液體可以潑灑出來，可以肆意改變形狀，放在什麼樣的容器中就是什麼樣的形狀。

所謂氣體，就是指既沒有一定的形狀，也沒有一定的體積的物體。氣體分子間的相互作用力很小，總是充滿整個容器中，很容易被壓縮。幾種不同的氣體可以均勻地混合在一起，不會像兩種不相溶的液體那樣會出現明顯的分介面。

可可之所以覺得從冰箱裡拿出來的小小可樂和我們的世界是一樣的，是因為那瓶可樂涵蓋了固體（可樂冰塊）、液體（可樂本身）、氣體（可樂裡面的二氧化碳）這三個構成世界的物質。

## 可以被蒸發的水

都說水可以蒸發，但是你具體觀察過水被蒸發的過程嗎？水在蒸發的過程中，什麼因素會影響到蒸發的速度呢？我們來做一個實驗看一下。

Part 3　清澈怡人的水：你不知道的關於水的許多古怪脾氣

現在給你一個量杯、一個洗臉盆和一個瓶子，再給你適量的水，需要你按照以下步驟做個實驗。先用量杯取一定量的水，倒入瓶子中；再用量杯取同樣多的水，倒入洗臉盆中。然後，你把洗臉盆和瓶子同時放在一個陽光充足的窗臺上。那麼，等到第二天早上，你再用量杯去測量洗臉盆和瓶子裡面的水，你會發現什麼呢？你知道原因嗎？

**答案**

你會發現，洗臉盆和瓶子裡原本一樣多的水變得不一樣了，洗臉盆中的水比瓶子裡的水減少得更多。

這是因為水分子受熱後運動會加劇。因為遊戲中要求把裝有水的洗臉盆和瓶子放在陽光充足的窗臺上，所以，裡面的水分子遇熱後會發生汽化現象，即蒸發。在蒸發的過程中，影響蒸發量的就是溫度、液體暴露的面積和液體的壓強了。在這個實驗中，被蒸發的都是水，而且都是放在陽光下，因此，溫度和壓強是一樣的。但是，之所以洗臉盆裡的水蒸發得快，而瓶子裡的蒸發得慢，是因為相比開口較小的瓶子而言，洗臉盆的面積更大，裸露在陽光下的水更多，所以會蒸發得更快些。也就是說，同樣是兩攤體積差不多的水，較小較深的那攤水會乾得比較慢，而較大較淺的那攤水會乾得比較快。

那麼，水蒸發後去哪兒了呢？難道就是在不斷這樣減少嗎？當然不是。要知道，地球上的水總是在不斷地循環著的。水在蒸

發的過程中會變成大家肉眼看不見的水蒸氣，進入到大氣中。這些水蒸氣在空中遇冷後會凝結成水氣、霧或者雲。當雲層過厚時，水就會以雨、冰雹或者雪的形式，重新降落到地面上來。這些降水會慢慢滲入地表中，形成地下水。在有泉源的地方，這些地下水就會重新露出地表。所以，其實這些水並沒有消失不見，而是以不同的形態在循環著，在滋養著我們整個世界。

## 「冰」膠水

　　一到冬天，高緯度地區的父母最常叮囑小孩子的一句話就是「不要舔室外任何鐵的東西」。無一例外，今年冬天，小東又一次聽到了父母這樣的囑咐。以前小東年紀小，爸爸媽媽說什麼他都聽，但是今年小東覺得自己已經上五年級了，是一個大孩子了，不能再這麼「盲目」地聽媽媽的話了。於是，小東就想：「哼！有一天，我一定要去舔一舔鐵的東西，看看會發生什麼。」

　　有了這個想法後，小東就開始付諸行動了。在週五晚上，小東悄悄地將自己的鐵文具盒放到了窗戶外面的陽臺上。巧的是，這一天半夜裡下了大雪。等到第二天下午，爸爸媽媽都有事出門了，小東就來到窗臺上，從冰雪中找到被覆蓋的文具盒。「啊，好冰！」小東叫了一聲。接著，小東看著冰冷的文具盒，狠下心，一閉眼，用舌頭舔了過去。結果，小東發現，他

Part 3　清澈怡人的水：你不知道的關於水的許多古怪脾氣

的舌頭與文具盒黏在了一起！

　　小東很著急，卻說不出話來，只能「嗚嗚哇哇」地亂叫。小東想把文具盒從舌頭上拔下來，結果稍一用力就扯得舌頭痛。沒辦法，小東只能用手捧著文具盒，進房間打電話給爸爸媽媽。等接通了電話，小東也說不出話來，爸爸媽媽在那邊還以為是小東的惡作劇，說等一下就回來了，然後把電話掛了。小東欲哭無淚，正當不知道該怎麼辦的時候，文具盒自己掉下來了！

　　等爸爸媽媽回來後，小東就問他們為什麼冬天不能在室外舔鐵的東西。爸爸媽媽看小東這麼好奇，就跟小東講解了一番，小東這才知道是怎麼回事。親愛的讀者朋友們，請問你們知道舌頭與鐵文具盒為什麼會黏在一起嗎？

**答案** ●●●●●●●●●●●●●●●●●●●●●●●●●●●●●●●●●●●●●●●●●

　　這一切還是因為水和它的狀態的轉化，即凝固。

　　因為人的舌頭上有唾液，而唾液中含有很多的水分，所以，當溫度足夠低（當然要等於或低於 0℃）的時候，這些水便會結冰。其實不僅是舌頭，人體的皮膚表面即使不出汗的時候，也會有一些水分，只不過這些水分比較少，所以不會在冬天被凍住。當水分夠多的時候，你再接觸到一個很冷的東西，皮膚上的水差不多就會在瞬間結冰了。

　　實際上這種現象不只是在帶鐵的東西上發生，像銅、鋁等其他金屬也會有這種現象。冬天溫度本來就比較低，而這些金

屬又很容易導熱、導冷，所以，一接觸到溫度較高的部位，就會迅速傳走接觸部位的熱量，導致表面的水分結成冰。

不過只要過一會兒，身體的熱量就會漸漸地把冰融化，那時就沒有危險了。千萬不要在結凍時用力拉，那樣會把你的皮膚拉傷的。

## 管子的妙用

說起管子，種類繁多，有金屬管子，有塑膠軟管，有大型管道，還有小小的吸管。管子有這麼多，那麼，它對於人類的生活有什麼用呢？大家一起來做一個實驗看一看管子的妙用。

先去找一個漏斗和一根長約 17～20 公分左右的橡皮管子（管子的內徑要比漏斗的口徑大一些）。你先把漏斗單獨放在自來水龍頭的下面接水，慢慢地把自來水龍頭的出水調大，直到漏斗裡面蓄滿了水，也來不及漏水時，你會看到自來水會從漏斗的上沿溢位來。這個時候，再把橡皮管套在漏斗口上，你有沒有發現漏斗漏水的速度會馬上加快呢？很快，水就不再從漏斗上沿溢位來了，而是順著管子流了出去。如果這個時候你再拔掉管子，就會看到漏斗內又迅速擠滿了水，來不及漏掉。

小小的軟管有這麼大的作用，那你知道這是怎麼一回事嗎？

Part 3　清澈怡人的水：你不知道的關於水的許多古怪脾氣

## 答案

　　這是因為管子具有「空吸」的作用。如果流動的物體重量比較重，而且又是往下降落的話，那麼，安裝一根管子可以加大流體往下流出的速度；如果流動的物體重量比較輕，流體又是往上升的話，安裝一根管子可以加大流體往上升的速度。這就是廚房要裝煙囪、抽油煙機的原因，它可以使爐內的空氣流動速度加快，爐火變旺。

　　但是，如果沒有安裝管子，在重力的作用下，水的下落速度將會越來越大，而漏斗的口徑就那麼大，水下落的速度超過了漏斗往下漏水的速度，水就會積在漏斗中，直至溢位來。接上管子後，水是在管子裡下落，加速下落的水就會透過管子對漏斗產生空吸作用，從而大大增加出水速度。

## 與開水共存的冰

　　眾所周知，冰一遇熱就會融化為水，但是，你知道在有些特殊的情況下，開水和冰也是可以共存的嗎？

　　我們先在冰箱的冷凍室裡製作出一塊冰。為了在之後的實驗中能與水區分開來，我們在製造這塊冰之前最好加入一些墨水，第二天就能得到一塊有色的冰塊了。然後將冰塊敲成小碎

## 與開水共存的冰

塊，放置到試管的底部，並用一塊小石頭壓住，以免冰塊浮到水面上來。接著，往試管裡面加水，不用太滿。做好這些後，再用試管夾夾住試管，靠近酒精燈或者爐火，讓小石頭以上的試管部分充分加熱。不一會兒，小石頭上面的水就燒開了，你能看到水在沸騰。但是，石頭之下的冰塊卻紋絲未動，既沒有融化，也沒有燒開的跡象。

那麼，請你來說說看，為什麼會產生冰、開水共存的這種奇特的現象呢？

### 答案

冰塊之所以能夠與熱水共存，關鍵在於加熱的方法比較特殊。仔細閱讀這個實驗說明，你會發現，在加熱時火焰對準的是試管的上半部分（即石頭的上方）。水在加熱的過程中，試管上部的水會因為受熱而膨脹，從而變得比較輕，停留在試管的上部。

熱量從一個物體傳到另一個物體是需要一定的介質的，比如金屬、水和石頭等就是熱的不良導體。由於水的「熱導率」很小，因此，熱量傳到試管底部的速度就變得很慢，不能很好地傳遞到試管下面，所以試管底部的溫度一直很冷，導致冰塊無法融化。說白了，這塊冰並不是「熱水中的冰」，而是「熱水下的冰」，所以即使上面的水開了，下面的冰塊還是不受影響，當然就不會融化了。

Part 3　清澈怡人的水：你不知道的關於水的許多古怪脾氣

# 會噴射的水珠

小明的爺爺在家裡養了很多花花草草，非常精心地照顧著它們。當這些花花草草開花、長新葉的時候，看起來漂亮極了，讓觀賞到的人心情也很舒暢。

週末小明又去爺爺家玩耍，他發現爺爺在用一個盆子澆水，一不小心把水澆多了，爺爺很著急，立即採取了補救措施。小明就問爺爺為什麼不用之前的澆水器了，爺爺才告訴小明澆水器壞了，還沒來得及去買新的。

小明正好看到客廳的茶几上有一大瓶可樂，他就想起來不久前在手工課上看到的自製澆水器的內容了。於是，小明就對爺爺說：「爺爺，不用買澆水器了，我可直接你製作一個。」

爺爺哈哈一笑，以為是小孩子說大話，也沒有當真，就去忙自己的了。而小明就在網路上搜好教程，並準備好了以下幾樣東西：大可樂瓶、水、吸管。

接著，小明拿出來那個大可樂瓶，往瓶裡灌了 2/3 左右的水。又取一個吸管，在吸管的 1/3 處用刀切了一個口（不用切斷，得讓這個切口與吸管連線在一起），並把吸管彎成 90°。然後，小明把吸管距切口長的一端插到了可樂瓶的水中，而短的一端則放到嘴裡用力吹氣。這時，小明就看到瓶裡的水被吸了上來，並變成小水珠從吸管的切口處噴射出去了。

值得注意的是，吸管一定要彎成 90°，製作出來的噴壺效果才最為理想，不然的話水就容易被吸進口裡，或是吸不出來，在瓶裡產生氣泡。

小明的爺爺看到了這個簡易的澆水器，覺得不錯，就大力誇讚了小明一番。請問讀者朋友們，這個簡易的噴霧器的工作原理是什麼呢？

**答案** ••••••••••••••••••••••••••••••••

水往低處流，空氣也從高氣壓向低氣壓流動。如果空氣流動的速度加快的話，那麼它周圍的氣壓就會下降，從而使其他地方的空氣流向它的周圍。同樣的原理，如果人使勁吹吸管的話，那麼出氣口部分的氣壓就會下降，從而瓶中的水就會被壓上來。同時，被壓上來的水，因強勁的風速而變成小水珠噴射出去。噴霧器就是利用了這樣的原理。

## 測試水的硬度

我們形容一個溫柔的女人經常會用到「柔情似水」這個詞語，這說明在眾人的心目中，水是柔軟的。但是，自然界卻告訴我們，那些輕輕柔柔的水也可以變得很「硬」。不相信的話，就一

Part 3　清澈怡人的水：你不知道的關於水的許多古怪脾氣

起來測量一下水的硬度吧！

先準備一些自來水和蒸餾水、兩個帶蓋的空玻璃瓶和一些洗滌劑等。然後，在其中的一個玻璃瓶中加入自來水，而在另一個玻璃瓶中加入蒸餾水；再在這兩個玻璃瓶中分別滴入一滴洗滌劑，並替兩個玻璃瓶蓋上蓋子。擰緊蓋子後，你就可以大幅度地劇烈晃動裡面的液體了，讓洗滌劑和這兩種不同的水充分地融合。

晃動一會兒，你就會看到這兩個玻璃瓶中的變化與不同了：同樣都是一滴洗滌劑，裝有蒸餾水的那個玻璃瓶中泛起了很多泡沫，而裝有自來水的瓶子則幾乎沒有泡沫，除非再往裡面多加入洗滌劑，自來水裡面才會起泡沫。

你知道這是為什麼嗎？

**答案** ●●●●●●●●●●●●●●●●●●●●●●●●●●●●●●●●●●●●●●●●

這是因為水的「硬度」不同，所以產生的效果也不一樣。所謂水的硬度，就是水中含鈣鎂的量的多寡。水分子的含量不同，與洗滌劑的分子結合也不一樣。當水分子與洗滌劑分子結合後，會形成化學鍵，而這些化學鍵是泡沫產生的基礎。

在硬水中，鈣鎂離子與水分子形成化學鍵，已經占用了大量的水分子，所以起泡比較難。什麼是硬水呢？就是水中的鈣鎂量越高，水質就越硬。在這個實驗中，蒸餾水裡面壓根不含

鈣鎂，與洗滌劑也就產生不了化學反應，自然只需要一滴洗滌劑就能起很多泡沫了。相對蒸餾水而言，自來水需要更多的洗滌劑才會起泡沫，原因就在於自來水中存在著很多的鈣鎂。

## 人為什麼能漂在海面上

你知道死海嗎？死海是世界上最深的鹹水湖，海水中含有高濃度的鹽分，致使水中沒有生物存活。但是，死海也很神奇，有人想要跳死海自殺的話，卻沉不下去，而是漂浮在海面上了。

除了死海，很多人還發現，在大海上漂浮著要比在游泳池裡漂浮著容易多了。如果你去各地旅遊過的話，你還會發現，在地中海裡游泳比在大西洋裡簡單得多。上述現象的出現是為什麼呢？一個簡單的小實驗就能為你揭開謎底。

首先，你需要準備一些用染過色的水凍成的小冰塊。同時，準備一個大玻璃杯，並倒入 3/4 杯的濃鹽水。準備就緒後，你就輕輕地把小冰塊放在玻璃杯的水面上。毫無疑問，剛開始這些冰塊都會浮在水面上。漸漸地，你就看到這些冰塊融化成水了。這個時候，如果你不碰玻璃杯的話，那麼玻璃杯中是怎麼樣一種情景呢？你會發現冰塊融化成的有色水還是留在了水杯的最頂層，沒有和杯子裡的鹽水混合到一起。這是為什麼

Part 3 清澈怡人的水：你不知道的關於水的許多古怪脾氣

呢？難道是因為冰水和鹽水的顏色不一樣嗎？你能解釋這個原因嗎？

**答案** ●●●●●●●●●●●●●●●●●●●●●●●●●●●●●●●●●●●●●●●●●●●

　　冰水和鹽水涇渭分明，沒有混合到一起，當然不是因為它們的顏色不一樣，而是因為冰塊中不含鹽分，是由「軟水」形成的。而鹽水的密度較大，與冰塊的密度不一樣，所以，當冰塊在緩慢的融化過程中，融化成的水會停留在鹽水的表層。

　　人體自身的密度與水相比的話，也是要大一點點的。水的密度越大，人就越不容易沉下去，這就是為什麼人在海水中更容易漂浮的原因。所以，在密度較大的鹽水（海水）中，人們能夠輕鬆地浮起來，把頭露出水面。不過，從海水中出來後，一般需要用淡水沖洗一下，不然身體就會覺得很癢。

## 什麼是水錘現象

　　眾所周知，水是人與自然的生命活動必不可少的一種物質，具有溶解氣體的能力；水具有溶解水溶性固體和液體的能力。此外，水也可以產生力，比如水車就是利用水的運動慣性成為灌溉工具。這一節，我們來講講水錘現象。

## 什麼是水錘現象

你聽說過「水錘現象」嗎？如果你沒有聽過的話，我們可以做個小實驗，來具體向大家說明一下。

有條件的話，你去找一根塑膠管子，管口直徑要比廁所的水龍頭大一點點。找來管子後，你將塑膠管子接在水龍頭上，然後慢慢打開水龍頭。不要開太大，只需要開一點就可以，讓水龍頭能流出一絲水流即可。這個時候，即使你不將塑膠管子固定在水龍頭上，管子也會安然無恙地掛在水龍頭上。如果你突然將水龍頭開到最大，這時，你會發現什麼呢？

如果不出意外的話，你將會看到塑膠管子被水龍頭裡的水流「唰」的一下沖下來了，除非你把塑膠管子固定得很好。請問，你知道這是怎麼一回事嗎？

### 答案

上述情況就是「水錘」現象。所謂水錘現象，就是指水（或其他液體）在輸送的過程中，由於閥門突然開啟或關閉、水泵突然停止、驟然啟閉導葉等原因，使液體的流速發生了突然的變化，壓強產生大幅度波動的現象。

之所以會產生這個現象，是因為水有一個臨界的流量。低於這個流量值，水流就比較平穩；超過這個流量值，水流就會紊亂。當水流量接近這個臨界值的時候，水流會在兩種狀態間搖擺。如果這個時候，房間內的水龍頭或者水管恰好沒有接好，那麼，房間會與水流發生共振。當我們突然開關水龍頭的

Part 3　清澈怡人的水：你不知道的關於水的許多古怪脾氣

時候，水流中也會產生一個衝擊波，這個力會沿著管道和龍頭傳播，使它們振動。這就是水錘了。

通常情況下，水錘現象發生在一個水龍頭或者一根水管銜接不牢的時候。如果你把水龍頭擰開一點，流出的水很少，水得以流出的體積和水流的速度都很小，再加上水流在經過塑膠管道和水龍頭時一路會受到摩擦，所以水的作用力沒多大。但是，當你突然把水龍頭開大後，水流出的體積就驟然增大了，速度也變快了。

水錘現象中有兩個效應，分別是正水錘和負水錘。顧名思義，當開啟的閥門突然被關閉後，水流會對閥門及管壁產生一個壓力，導致後續水流在慣性的作用下迅速達到最大，並產生破壞作用，這就是正水錘；相反，關閉的閥門在突然被開啟後，也會產生水錘現象，但是沒有前者的破壞力大，叫做負水錘。

由於水錘現象可以破壞管道、水泵、閥門、並引起水泵反轉等，所以，預防水錘發生極為重要。

# Part 4
# 走近光影天地：
# 繽紛變化的色彩中蘊藏無窮樂趣

　　隨著科技的發展，我們的生活越來越便利了，但是，伴隨而來的是更多令人不解的問題，比如說電影是如何從無聲到有聲、從黑白到彩色的？為何人們能把影像放到投影儀上？遠在幾公里之外的光為何還是那麼耀眼明亮？照相機是怎麼將人照進去的？這一系列問題讓我們的生活變得多姿多彩、五光十色，卻也引發了人追求科學的好奇心，想要一探究竟。所以，這一章我們就一起走進光影天地，去色彩斑斕的世界中尋找科學的樂趣吧！

Part 4　走近光影天地：繽紛變化的色彩中蘊藏無窮樂趣

## 黑暗中的鏡子

提起「光」，這可是個好東西。光為人們帶來了明亮的世界，方便人們的生活和工作，讓人們不再害怕黑暗。所以，光是一種非常神奇、偉大的東西，甚至有人將「光」比作神。

然而，你知道嗎？就是這麼厲害的光之神，也會輕輕鬆鬆地就被很多愛美之人當作心頭寶。這些愛美之人恨不得每天把臉貼在鏡子上，一天 24 個小時都欣賞自己美麗的容顏。那麼，你有沒有試著在黑夜之中去照鏡子呢？放心，這不是讓你演恐怖片，而是讓你更好地認識一下光而已。如果沒有的話，你可以去實驗一下，你會對光有一個新的認知。

在做實驗之前，請準備好以下東西：黑色的硬紙板、一把剪刀、一面大的化妝鏡、一疊書本和一個手電筒。

準備好東西後，你就可以將黑色硬紙板摺疊成一面垂直的紙壁了，並將其放在桌面上。然後，用剪刀在紙壁上剪出三道狹長的縫隙。接著，把鏡子靠在紙壁正對面的一疊書本上，把手電筒平放在縫隙後面的桌面上。做好這些後，你就可以熄滅房間裡的燈或者拉上窗簾了，盡量不要讓光線進入房間中。這個時候，開啟手電筒，你會看到手電筒的光穿過了硬紙板上的縫隙射到了鏡子上。當光照到鏡子上後，又被鏡子反射回來，

便在房間中形成了一個反射光。所以，你可以在漆黑的房間中看到這些光。

那麼，你知道這是怎麼一回事嗎？

## 答案

這是因為當光線從光源發出來之後，會沿著直線進行傳播。因為光的傳播不需要任何介質，所以手電筒的光會穿過硬紙板的縫隙，射到鏡子上。但是，當光在傳播的過程中遇到了障礙物時，會根據障礙物的特性，發生偏折，所以會出現反射、折射或者散射等不同現象。我們日常照的鏡子因為在背面精鍍了一層薄金屬，所以，光無法穿透這樣的鏡子。而且，鏡子的正面，即照出人影的光滑的表面是可以反射光線的，所以，穿過硬紙板的光照在鏡子上後，就會透過反射作用改變自己的傳播方向，在房間中形成了反射光。

你留心觀察的話還會發現，垂直射在一塊鏡子或者一個光滑平面上的光線會以同樣的路徑、同樣的角度反射回去。這是因為光線的反射角和入射角的度數總是相同的。除非光線射在了一個表面彎曲而又無法穿透的物體上，比如一面糊著白色凹凸牆紙的牆壁上時，光線才會向四面八方散射開去。

Part 4　走近光影天地：繽紛變化的色彩中蘊藏無窮樂趣

## 你會看照片嗎

　　星期天，港港和爸爸一起去遊樂場玩耍。在那裡，他們玩了非常刺激的射擊遊戲。由於港港是第一次玩，他經常瞄不準目標，所以他很著急。於是，爸爸就告訴港港，在瞄準的時候，要一隻眼睛閉著，另一隻眼睛則瞇著，因為這樣能看得遠，還看得清楚。港港實驗了一下，發現確實是這樣，便開始這樣玩射擊遊戲了。最後，港港玩的結果也還不錯。

　　等港港玩完了遊戲，在興奮之餘，他想起了爸爸剛才傳授的方法，卻想不明白這是怎麼一回事。所以，港港就問爸爸為什麼要瞇著眼射擊。爸爸聽後，就拿出一張他們當天用拍立得拍出來的照片，說：「如果給你這張照片，你會看嗎？」

　　港港聽後驚呆了，詫異地說道：「爸爸，你怎麼一回事？一張照片而已，我當然會看了！」

　　誰知爸爸卻笑著搖了搖頭，說道：「你果然不知道怎麼看照片。」

　　說完，爸爸就告訴港港怎麼看照片：首先，爸爸讓港港按照他平常看照片的方式，拿著照片並睜開兩隻眼看一下，然後，爸爸讓港港記下這種看法時的效果；接著，爸爸又告訴港港，把照片拿得遠一點（在能看清晰的距離之內），然後像玩射擊遊戲一樣，閉上一隻眼，用另一隻眼看。等看完後，爸爸讓

港港說出這兩種看照片的方法有什麼不同。

港港看完後，果然發現了不同：用第一種方法的時候，能感覺出照片上景物的前後距離明顯有差別，整張照片顯得很生動；而用第二種方法看照片的話，照片看上去比較平面，沒有什麼感覺。

港港覺得非常神奇，但是他不知道為什麼會有這樣的區別。後來，在爸爸的講解下，他才明白了原因。親愛的讀者朋友們，你知道這是為什麼嗎？

**答案**

這是因為眼球的構造和照相機的構造造成的。

首先，因為我們有兩隻眼睛，所以，存在一定的視覺差異。當我們看一個立體的東西，兩眼視網膜上所得到的像是不相同的。右眼看到的像跟左眼看到的像並不是完全一樣的。正是這個不完全一樣的像，才使我們能夠感覺到東西是立體的而不是平面的。但是，因為人有兩隻眼睛，所以，在我們的意識裡，會把這兩個不同的像融合成一個凸起的形象。

其次，再從照相機的構造上來說，照相機其實就等於是一副大眼鏡。照相機拍下來的底片上的像，就跟我們用一隻眼睛、放在鏡頭的位置上所看到的像是完全相同的。所以，我們要想從照片上得到跟原物完全相同的視覺上的印象，我們就應該只用一隻眼睛來看照片，並把照片放在眼前的適當的距離上。

# Part 4　走近光影天地：繽紛變化的色彩中蘊藏無窮樂趣

## 上粗下細和下粗上細

星期天的時候，小紅的爸爸媽媽都有事出門去了，只剩下小紅一個人在家。爸爸媽媽在出門之前叮囑小紅說：「小紅，如果家裡有人來按門鈴的話，妳一定要從大門的貓眼中看一看是誰再開門，千萬不要隨意開門！」

等爸爸媽媽出門之後，小紅就開始寫作業。沒多久，小紅聽到了門鈴響，小紅知道這是有人來了。但是小紅謹記爸爸媽媽的囑咐，沒有急著開門，而是搬了一張凳子，站在凳子上從貓眼中看門外來的人是誰。在看之前，小紅看著門上那一個小小的貓眼，還想著這麼小怎麼能看清楚人呢？結果，等到小紅從貓眼裡往外看的時候，果然看到了一個人，不僅能看到那個人的全身全貌，連那個人的臉部表情也能看清楚。但是，小紅覺得很奇怪的是，這個人明明就與她一門之隔，但是卻感覺這個人好像與她相隔非常遠。

等到爸爸媽媽回來後，小紅就問爸爸是怎麼一回事。誰知爸爸卻不肯告訴小紅，非要小紅和他一起做個實驗，還說做完這個實驗小紅就知道是怎麼一回事了。

於是，在爸爸的要求下，小紅找來一個直徑約 1.5 公分的管狀玻璃小瓶，往裡面裝入了半瓶水和半瓶煤油（汽油也可以），然後塞上了塞子。弄好後，爸爸在一張白紙上畫了一條直線，

然後讓小紅隔著小瓶去看這條直線。小紅發現，直線的上段和下段的粗細是不同的：當瓶子貼近紙面時，上面的線段比較粗，下面的線段則比較細；當瓶子離開紙面一定距離時，又變為上面的線段細，而下面線段粗了。

請問這是怎麼一回事呢？這與門上的貓眼有什麼關係呢？

**答案** ●●●●●●●●●●●●●●●●●●●●●●●●●●●●●●●●●●

原來，當玻璃小瓶中裝進了半瓶水和半瓶煤油以後，就形成了兩個焦距不同的柱面凸透鏡。凸透鏡的成像大小與焦距有關：在二倍焦距以外，成一個倒立縮小的實像；在一倍焦距到二倍焦距之間，成一個倒立放大的實像；在一倍焦距的時候是不成像的；在一倍焦距以內，成一個正立放大的虛像。

又因為這個實驗中的玻璃瓶裝的是水和煤油，而煤油對光線的折射能力要比水強，所以小玻璃瓶裡的上半段煤油透鏡的焦距要比下半段水透鏡的焦距短。這樣一來，隔著小玻璃瓶貼近紙面看白紙上的直線時，由於煤油透鏡成的像比水透鏡成的像大，直線看上去就上粗下細了。如果小瓶離開紙面一定距離，這時，煤油透鏡成的像小了，煤油對光線的折射能力比水強，所以直線就變得下粗上細了。

門上的貓眼就是利用上述實驗的原理做成的。與之不同的是，貓眼除了有凸透鏡外，還有一塊凹透鏡，所以導致物鏡的焦距極短，使室外的人或物成一個正立縮小的虛像。這個像正

Part 4　走近光影天地：繽紛變化的色彩中蘊藏無窮樂趣

好落在目鏡的焦點以內，最後得到一個放大的正立的虛像。所以，人們對外面的情況就可以看得很清楚了。

## 針孔眼鏡

一個人的視力正常的時候，無論是遠處的風景，還是近在眼前的事物，都能看得非常清楚。但是，如果一個人的眼睛不小心近視了，那麼太遠的地方他就看不清楚了，就需要瞇著眼看或者是戴上近視眼鏡；如果是老年人的話，我們發現他們看東西的時候，哪怕是看報紙也會拿得離自己的眼睛特別遠，或者要戴上老花眼鏡才能看清楚，這是因為他們遠視了。這就是眼鏡的神奇作用。

但是這一節我們不說我們平常戴的眼鏡，而是自製一個萬能的針孔眼鏡，來看看這個眼鏡的成像原理是什麼。

所謂針孔眼鏡，就是針孔大小般的眼鏡。先別疑惑，去先找來兩個直徑為 3～4 公分的軟塑膠瓶蓋，再找來一根縫衣針，並用打火機將針尖燒紅，然後用燙紅的針尖在瓶蓋中間扎一個直徑約 1 公釐的小孔。接著，再在瓶蓋兩側各扎兩個小孔。做好這些後，再用線將這兩個瓶蓋穿起來，做成一副眼鏡那樣。穿好後，戴上這副「眼鏡」，你能發現什麼呢？

結果很神奇。如果你視力不好，不論是近視還是遠視，不管你的度數是 300 度、500 度，你只要戴上了這副「眼鏡」，那麼，你便能看清楚周圍的一切了。你知道這是為什麼嗎？

**答案** ••••••••••••••••••••••••••••••••

　　針孔眼鏡的製作是運用了小孔成像的原理。所謂小孔成像，就是用一個帶孔的板遮在牆與物體之間，牆體上會形成物的倒影。當光線通過瓶蓋中間的小孔後，不管事物的遠近，成像總是清晰的。而人的眼睛的視網膜就好像是一個銀幕，只不過，近視眼的人，看到的像是在銀幕之前；遠視眼的人，看到的像是在銀幕之後。如果成像不在銀幕上，那麼大家就看不清楚了。但是，因為這副「眼鏡」中間有了一個小孔，所以，不管近視、遠視，光線都能在視網膜上成像了，所以大家才看得清楚了。

## 看不見的光線

　　我們見過火光，見過閃電，見過手電筒光，可是，有誰看見過光線？明白我的意思嗎？所有的人都見過光，看見過開車時車頭燈打出的光，或者是從雲層中漏下的光，但是，卻沒有人看見過傳播光的那條線或是軌跡。比如說，當你開啟手電筒的時候，你只看到手電筒的光照在牆上、地上，形成了一個圓圓

Part 4　走近光影天地：繽紛變化的色彩中蘊藏無窮樂趣

的光斑、光圈，但是你看見這束光是如何照到地面上的嗎？簡而言之，在手電筒與光斑之間，你有看見什麼嗎？是不是什麼也沒有？可是，光又確實存在，如果你把手放到手電筒前面，你的手就擋住了光並把它反射回來。所以，既然都沒有人看見過光線，那麼，光又是如何傳播的？

也有人會說，光線其實也是可見的。當我們站在灰塵比較大的地方看太陽的時候，很容易就看見太陽的光線了，而且那些不可見的灰塵也都能看見了。如果誰家裡有百葉窗的話，你去觀察一下，當天氣晴朗時，太陽光會從百葉窗縫裡透進來一束一束的光。還有我們玩的雷射燈，可以看見那條紅色的光線，而且這條光線的傳播路徑還特別長。既然光的傳播也是有線的，光線是可以看到的，為什麼大部分的光線都不可見呢？

## 答案

光線能被看見與否，主要看光源是什麼。光源一般有兩種：主動光源和反射光源。主動光源一般指本身會發光的物體，比如太陽、電燈、火焰等；反射光源是指月亮、熄滅的電燈、人等不會主動發光的物體，這些物體在黑暗中是不能被看見的。因為光的存在，讓這些原本不能被看見的物體變得可見，導致這些物體也成了光源之一。

但是，當主動光源被遮住的時候，比如說太陽被雲層遮住後，原本在天晴的時候會出現的樹影、人影就都不見了，這是

因為雲層的緣故,太陽光被分散到了各個方向,無法集中在一起,影子自然也就不成形了。

我們看到的那些物體——人、樹、月亮等東西,其實並不是真正的光,而是被光照亮的物體,這些物體把光反射到了我們眼中,我們就看到了這些物體。我們提到的「光線」,指的是光沿「直線」傳播時的這條直線,而不是光本身。

## 當你「找不到北方」了怎麼辦

你有過野營的經歷嗎?試想一下,如果你去森林、野外遊玩,不小心迷了路,找不到方向了,而且你也沒有帶指南針之類的東西,那麼,這個時候你應該怎麼辦呢?或許有人會說:「這有什麼難的?我們不是學習過很多在野外辨認方向的方法嗎?到時候找一個最簡單的方法就可以了。」

話雖如此,但是,這些簡單的方法在運用起來卻也不是那麼容易呢?不相信?那就先來實驗一下吧!

假設你現在在野外迷路了,而你隨身攜帶的東西只有手錶,那麼你應該如何辨別方向呢?那就只能用手錶和陽光來辨別方向了。所以,在這裡要記住,如果你去野外野營、探險的話,記得一定要戴手錶。這個時候,要怎麼確定東、南、西、北這

## Part 4　走近光影天地：繽紛變化的色彩中蘊藏無窮樂趣

　　四個方向呢？你可以先觀察一下太陽的位置，再看看你的手錶（如果你的手錶是電子錶的話，你可以在一張紙上或者地上先畫一個錶盤，按照你手錶的時間添上指標就行了）。

　　在這之前，你得先知道，太陽就是一個天然的時鐘，因為一天 24 小時，它恰好在天空中「轉」了一圈，而正午時分的太陽恰好是經過子午線的，也就是說，此時的太陽恰好在正南方向。知道了這些，下面就是你應該做的：面向太陽而站（不用正對著太陽），然後把你的手錶摘下來，放在面前，與地面大約成 45°角。假設現在是上午 10 點鐘，此時手錶的時針指向 10 而分針指向 12，那麼，想像一下你頭頂上也有一個大錶盤，上面也有 24 根刻度，太陽在這個空中的錶盤上直接為我們指出了時間，正午時它恰好會經過正南方向。

　　如果你想像不出來，可以拿你的手錶代替。試想一下，如果你把手錶的時針對準太陽，太陽不就相當於時針嗎？不過要注意了，手錶時間為 10：00，太陽時間則為 9：00 或者 8：00（因為季節不同，所以在時間上會有差別）。如果現在是夏天（確切說應該是 3 月到 10 月間），那麼太陽時間為 8：00。知道了這些，你接下來馬上就能找到南邊和其他方向了。

　　可是有人立即發現了其中的問題：想像中的太陽錶盤有 24 根刻度，但是我們的手錶只有 12 根刻度啊，這要怎麼才能準確地算出來時間，讓我們找到南方呢？關於這個問題，也很簡

單，我們可以這樣理解：手錶因為只有 12 根刻度，而太陽刻盤則有 24 根，一天裡手錶轉兩圈，可是太陽在天空中只轉了一圈，那麼，就說明手錶的時針轉動速度是太陽錶盤的 2 倍。

在找方向的時候，一律用 24 小時制來表示時間。如果太陽時間小於 12：00，那麼算法如下：先用 12 減去太陽時間，然後除以 2，再用 12 減去這個數。舉個例子，現在的太陽時間是 8：00，那麼就應該是 12：00 － 8：00 ＝ 4 個小時，4 小時 ÷2 ＝ 2 小時，12：00 － 2 小時 ＝ 10：00。所以，這個時候把手錶調到 10：00 的位置上，錶盤上「12」這個數字的位置就是南方了。

如果太陽時間大於 12：00，算法如下：先用太陽時間減去 12，然後除以 2，再用 12 加上這個數。舉例來說，現在的太陽時間是 15：00 的話，那麼就應該是 15：00 － 12：00 ＝ 3 小時，3 小時 ÷2 ＝ 1.5 小時，12：00 ＋ 1.5 小時 ＝ 13：30。所以，只需要把手錶調到 13：30 的位置，然後看錶盤上「12」這個數字所對的方向，就是南方了。

看了上述方法，你能簡單地總結一下嗎？除了上述方法外，你還能想出其他辦法嗎？

## 答案

關於用手錶來辨別方向這個方法，總體來說，就是先看手錶上的時間，並把它轉化為太陽時間（根據季節不同，可以減

## Part 4　走近光影天地：繽紛變化的色彩中蘊藏無窮樂趣

去 2 或 1）；然後，算出太陽時間與 12 的差值後，除以 2 後與 12 相加或相減就能得到一個時間。最後，把手錶調到這個時間上，手錶盤上「12」所對的方向就是南方。

除了上述方法外，我們還有一種不用手錶的方法。因為現在很多人都用手機看時間，不怎麼戴錶了，所以，如果你只帶了手機的話，卻又恰巧迷路了，就可以在地上豎一根木棒，隔一段時間量一下它的影子。

因為正午的太陽恰好在正南方向，此時也是它升得最高的時候，影子最短。所以，等你看到最短的影子的時候，它對應的時間是正午時分，也就是說它所指的方向就是北了。不過，顯然這個方法只在正午還沒過的時候適用。

## 兩隻眼睛的妙用

一說起海盜，很多人腦海裡浮現的就是他們遮住一隻眼的樣子了。於是很多讀者朋友就去實驗了一下，發現只睜著一隻眼也是能夠看清楚這個世界的，只不過會有一些偏差而已。於是，有很多人就會問，那人為什麼要有兩隻眼睛呢？當你有了這個疑問後，就去實驗一下。

你兩眼都睜開，伸出手，用豎起的大拇指對準窗外的一棵

樹，讓大拇指正好在那棵樹的正前方，你會看到什麼呢？如果你隨意閉上一隻眼，你又會看到什麼呢？如果你實驗過，你就會發現，當你兩隻眼看的時候，看到的就是大拇指豎在大樹的正前方而已。但是，如果你閉上一隻眼的話，你會發現大拇指已經偏到一邊去了，與樹不在同一條直線上。你知道這是為什麼嗎？

## 答案

　　這是因為我們兩隻眼睛的工作方式不一樣：由於兩隻眼睛所在的位置不一樣，所以它們看到的東西不同。而大腦則是負責處理兩隻眼睛提供的畫面的，負責將眼睛看到的東西合而為一。不過，要注意的是，其中一隻眼睛會在這個合而為一的過程中產生主要的作用，我們一般把這隻眼睛稱為「主導眼」。

　　具體怎麼看出哪隻眼睛是「主導眼」呢？如果你閉上的是右眼，而你發現看到的畫面沒有什麼變化，就說明你的主導眼是左眼；如果情況相反，你看到的畫面變化了，說明你的右眼是主導眼。當你用大拇指對準那棵樹時，本能性地以右眼看到的畫面為基準，而當你閉上右眼時，你當然只能看到左眼的畫面了。

Part 4　走近光影天地：繽紛變化的色彩中蘊藏無窮樂趣

# 人為什麼會眼花

　　如果你家裡養貓的話，你可以試著用手電筒照它的眼睛（注意光照不要太強，以免弄壞貓眼睛），然後再把手電筒關掉，並注意觀察貓眼的瞳孔的變化。你會發現，當手電筒照著貓眼時，貓的瞳孔就縮小了，甚至牠們還會瞇起眼睛。如果你這樣做了幾次，等到你下次再開啟手電筒的時候，即使不去照貓的眼睛，你也會看到貓做出了瞇眼的動作，而且瞳孔馬上就縮小了。

　　如果你一時找不到貓來做實驗，那麼，你自己也可以做這個實驗。你站在鏡子前，在黑暗中觀察你的眼睛。盯住鏡子中自己的雙眼，然後再開啟燈。你看到了嗎？你只是開了一下燈，你的眼睛也有這個瞇眼的動作，而且你的瞳孔就立即縮小了至少一半。不過，等到光照消失，黑暗重新來臨後，你的瞳孔又會重新放大，以便接收到最多的光線。可是，也有人不解，如果是面對強光，為什麼我們的眼睛只需要瞇一會兒，就能適應這個光線了呢？

　　因為光線的不同，你所看到的光也不一樣。什麼意思呢？舉個例子，當你看的光源是太陽的話，那麼等到你的眼睛適應了太陽光後，即使你閉上眼睛，你依然會「看見」一些圓盤狀的光斑；如果是長條形的日光燈的話，你看見的就是一條條帶子

光斑了。這就是大家經常說的「眼花」了。不過，上述情況的發生你知道是怎麼一回事嗎？

## 答案

瞳孔之所以會縮小，就是因為突然接收到了光。當眼睛突然接收到了光線的時候，眼睛會在短時間裡把光源的形狀記錄下來，產生一個與原來顏色不同的光斑。但是在這個過程中，眼睛還需要一段時間才能重新建立正常的視覺，因此突然被光照到以後，它們仍要持續不斷地刺激感光神經。所以，在有些時候，即使你閉上了眼睛，也能「看見」那些光斑。眼花期間，如果你閉上眼睛，移動頭的位置，眼前的光斑離開了原來的光源，隨著你的運動，不同的感受器相應地為你製造了這個光斑。

大家不要小看瞳孔減小所帶來的影響。當瞳孔的大小減少一半的時候，就意味著眼睛接收到的光線是原來的四分之一。也就是說，瞳孔為了適應黑暗而增大的時候，它接收到的光將是原先的兩倍。這就是為什麼貓喜歡在黑暗的環境中抓老鼠了，因為這個時候牠的瞳孔在黑暗中變得最大，接收的光線將是原先的50倍多。

Part 4　走近光影天地：繽紛變化的色彩中蘊藏無窮樂趣

## 光與影的傳說

眾所周知，光與影是一對孿生兄弟，它們兩個經常一起出現。大家想知道它們兩個之間有什麼傳說嗎？就來一起做一個實驗吧！

準備一個裝滿了水的玻璃杯、一片玻璃、一張透明紙、一個陶瓷杯和一個手電筒。然後，把所有的物體都放在一堵白色的牆壁前面。接著，熄滅房間裡的燈或者拉上窗簾，不要讓光線進入房間，盡量讓房間變得黑暗。這個時候，開啟手電筒，把手電筒的光對準這些物體。你就會看到，陶瓷杯後面的牆上出現了一團陰影，而玻璃杯、玻璃片和透明紙背後的牆面變淡了。

請問這是為什麼呢？

**答案**●●●●●●●●●●●●●●●●●●●●●●●●●●●●●●●●●●●●●●●●●●●

之所以會出現這樣的情況，是因為出現了「影子」。所謂影子，其實是一種光學現象，是因為物體遮住了光的傳播，不能穿過不透明物體而形成一片較暗的區域。

眾所周知，光的穿透力很強，所以，光能夠穿透某些物質（例如玻璃和透明紙等）。但是，在穿過這些透明物質的同時，光也會失去它的一部分光能，從而使得光速變慢，亮度變小。

比如說，光在水中的傳播速度是它在真空中傳播速度的 3/4，在玻璃中的傳播速度是它在真空中傳播速度的 2/3。然而，也有一些物質是光所不能穿透的，這當中就有我們經常使用的瓷器。這類材料構成的物體會阻礙光的傳播，光射到這些物體上會被反彈回來。如果障礙物的體積比較大，它的身後就會出現一個陰影，也可以說，是障礙物投下了一個陰影。所以，才會出現上述實驗中的情況。

## 消失的硬幣

當你在狂歡會上，看到那些魔術師在大變魔術的時候，有沒有覺得很驚奇呢？接下來我們就自己來做一個魔術，叫做「消失的硬幣」。具體怎麼做呢？很簡單，先在桌子上放一枚硬幣，取一個口比底大的玻璃杯，並在裡面盛滿水；然後，把玻璃杯壓在硬幣上。這個時候，如果你從杯子的側面看過去，就會見到奇蹟發生了——硬幣不見了！可是，確實誰也沒有把硬幣拿走，那麼它去哪兒了呢？你再從杯子口向下望的時候，硬幣還好好地放在那裡。如果你再給玻璃杯底沾上一些水，再來重做這個實驗的話，你會發現這個魔術不靈了，因為不論你透過玻璃杯的哪邊側壁，你總能看到一個閃亮的硬幣。

請問，你知道這是怎麼一回事嗎？

Part 4　走近光影天地：繽紛變化的色彩中蘊藏無窮樂趣

### 答案

　　光從空氣經玻璃杯底進入水裡的時候發生了折射，因為是從光疏介質進入光密介質，折射光線集中起來，使得大部分光線以很大的入射角射向杯子的側壁。反射的光線又折回水中，從杯口射出，因此從杯子的側面看不到硬幣，而由杯口向下望去，硬幣還是好好地放在那裡。

　　杯底和硬幣之間沾有水之後，硬幣射出的光線從水中穿過杯底再進入杯子裡的水中。杯底可以看成是一塊平板玻璃，上下都是水，光線通過它的時候方向不變。硬幣射出的光線達到杯子的側壁上的時候，一部分光線入射角並不很大，不滿足全反射條件。這些光線從側壁上透射出來使你看到了杯底下的硬幣。但是，如果硬幣只有一部分沾上了水，而另一部分沒有沾上水，那麼，你就只能看到沾水的一部分了。

## 神奇的圓碟

　　我們在這個世界上看到的所有的色彩，顏色都與赤橙黃綠青藍紫相關。但是，如果有人告訴你，只需要黑白這兩個顏色，就能讓你看到紅藍那兩個顏色的話，你相信這種說法嗎？我們這一次要做的這個實驗就能證明這個說法是真是假。

## 神奇的圓碟

我們先在白紙上剪下一個直徑為 10 公分的圓片，然後將它的一半塗成黑色，同時將剩餘的那半個半圓部分四等分，再塗成白色（因為紙本身就是白色，不塗也可以）。在這四個部分中，每部分都畫上不相連的三條寬度為 2 公分的圓弧線。畫好後，再用硬紙板剪出一樣大小的一個圓圈，襯在白紙板圓圈的下面。然後，找一枚大頭針，從上而下插下去，將兩張圓穿在一起。再找一枝帶有橡皮擦頭的鉛筆，將穿過圓圈的大頭針固定在橡皮擦頭上，這樣一個圓碟就做好了。

做好後，你用手去快速地旋轉鉛筆，讓圓碟跟著一起旋轉。當速度較快的時候，你就看到白紙上的弧線彷彿連線在了一起，成為幾個圓環。然後你稍微轉慢一點，你就可以發現圓碟上面好像出現了紅色和藍色的兩個圓環。請問這是什麼原因呢？

### 答案

雖然我們在分成的四部分上面畫上了不相連的三條圓弧線，但是，當圓碟轉起來的時候，由於視覺有暫時停留的效果，前一段圓弧消失的時候，眼睛在短時間內感覺還能看見它，而隨之接踵而至的第二段圓弧就與之連線在一起了。這就是我們看到的圓弧線連成圓環的原因。

之所以會出現彩色的圓環，則是因為我們的眼睛只能記住色譜中波長較短的藍光和波長最長的紅光，最短的紫光因為太

Part 4　走近光影天地：繽紛變化的色彩中蘊藏無窮樂趣

弱了而很難被記住。如此一來，我們就彷彿看到藍色和紅色的圓環了。

## 濾光器

如果水不純淨了，我們可以用淨水器來將水淨化一下，如果光不純淨了呢？我們應該怎麼辦呢？不要擔心我們還有濾光器，接下來我們就來自己製作一個濾光器吧！

先準備一個手電筒、一些綠色的和紅色的透明薄膜、一個盆栽、一個柳丁和一間漆黑的房間。準備好東西後，就可以做實驗了。

在一個漆黑的房間中，開啟你的手電筒，把紅色的透明薄膜放在手電筒的前面，讓光隔著薄膜照在盆栽的綠葉上面，記錄下盆栽中葉子的顏色。然後，把綠色的透明薄膜放在手電筒前面，讓綠色的光照在盆栽上，然後再照在柳丁上，並記錄下這個時候的顏色是怎麼樣的。

如果你認真觀察了，你就會看到以下情景：當紅色的光照在盆栽上面時，盆栽的葉子看上去是黑色的；只有在綠色光的照射下，葉子的顏色才會保持不變，但是這個時候的柳丁在綠色光的照射下卻變成了黑色。你知道這是怎麼一回事嗎？

## 答案

之所以會出現這樣的情況，是因為物體呈現出來的顏色取決於它們反射了哪種光線。由於植物吸收了太陽光中所有的色光，唯獨反射了綠色光，所以，我們看到的植物是綠色的。而人工防護塗層，比如說一個塗有綠漆的椅子會出現「綠」這個顏色是因為它吸收了色光。也就是說，顏料從白色的光譜中吸收了一定波長的色光後，將某種波長的色光反射了回去。我們看到的就是被它反射的那部分色光，也就是顏料的本色。

在這個實驗中，實驗時所用到的透明薄膜產生的就是一個濾光器的作用。紅色的濾光器只會讓紅色光和藍色光通過，黃色的濾光器會吸收掉除紅色光和綠色光之外的所有色光，而綠色的濾光器只會讓綠色光通過。要是把紅色薄膜放在綠色的植物上面，植物就會變成黑色，因為紅色光中是不存在綠光植物可以反射的那種綠色光的；要是把綠色薄膜放在柳丁上面，柳丁也會變成黑色，因為照在柳丁上面的光中沒有它可以反射的那種橙色光。

Part 4　走近光影天地：繽紛變化的色彩中蘊藏無窮樂趣

# Part 5
# 穿越電和磁：
# 火花四射般的魔幻電磁

一說起「電」和「磁」，大家就對它們充滿了好奇。因為電和磁就像一對連體嬰兒一樣，經常同時出現，被生產、生活使用，那麼，什麼才是電和磁呢？所謂電是宇宙中物質的一個固有屬性，分為正、負兩極，彼此間可以透過強大的吸引力相結合，形成原子、分子等，而磁場則是由電子的自旋產生的。所以，人們才經常把電和磁放在一起。

當然，電和磁的結合也沒有辜負人們的期望，產生了很多對人們的生活有利的東西，比如電磁爐，就大大地方便了人們的生活。不過，電和磁就算是「連體嬰」也還是有區別的，也有很多的不同和特點。所以，為了方便我們對電和磁的了解，我們這一章就去火花四射的電磁世界中遊覽一番。

Part 5　穿越電和磁：火花四射般的魔幻電磁

## 電梯的運作原理是什麼

　　自從人口越來越多，樓房就越蓋越高了。為了方便人們的生活，有人就發明了「電梯」。大家想一下，要是沒有電梯的話，我們就得自己爬上爬下，有的摩天大樓根本就爬不上去。

　　你知道電梯是怎麼運作的嗎？我們可以用以下小東西來模擬一下。

　　首先，先找一張軟硬程度都適中的素描紙，將它捲成一個筒形，並在這個圓筒的上、下兩邊分別夾上一枚迴紋針；其次，將一根細線對摺之後從上而下地穿過圓筒；第三，再找一根細線，將它也對摺一下，並從下而上地穿過圓筒，並且穿進第一根細線對著形成的線圈裡，並勾住下面的那個迴紋針；第四，雙手抓住兩根細線的線頭，上下拉動，你就看到圓筒開始上下運動了。

　　這就是電梯的工作原理了。你能具體說一說嗎？

**答案** ●●●●●●●●●●●●●●●●●●●●●●●●●●●●●●●●

　　電梯上都裝有曳引繩，曳引繩的兩端則分別連著轎廂和對重，並將曳引繩纏繞在曳引輪和導向輪上。其中，導向輪就是為了改變電梯上下的方向的。當曳引馬達透過減速器變速後，就會帶動曳引輪一起轉動，靠著曳引繩與曳引輪之間因為摩擦

而產生的牽引力，實現轎廂與對重的升降運動，達到運輸的目的。

在這個實驗中，這兩根細線就充當曳引繩的作用。當下面的細線放鬆的時候，圓筒自然下落；當下面的細線被上面的細線牽引的時候，圓筒上升了。可以說，是地球的重力和細線的拉力讓圓筒進行上下地垂直運動的。

當然，現實中的電梯還要考慮承受力和平衡等各種問題，往上的拉力還需要各種能量的轉化，不像實驗中那麼簡單。

## 來玩一個靜電遊戲

自從有了靜電影印機，人們處理檔案時就方便了很多。不過，什麼是靜電影印機呢？這是一種使用便捷的檔案影印設備，又叫靜電印刷，通常分為間接法靜電影印和直接法靜電影印兩類。

然而，有些人不明白，影印機就叫影印機吧，為什麼要叫靜電影印機呢？這個名字的由來與靜電影印機的工作原理有關。你要想了解是怎麼一回事的話，就先來看看電視機的靜電問題吧。

我們每個人都遇到過靜電，秋冬穿脫毛衣時會響起劈里啪啦聲，那就是靜電的表現了。不過，這種靜電反應還不夠明顯。

## Part 5　穿越電和磁：火花四射般的魔幻電磁

不知道你們在平時有沒有用乾淨的布去擦拭過電視機的螢幕？如果沒有的話，現在就來做一做。

你先用乾淨的布擦一下電視機，然後再將電視機開啟。半個小時之後，關閉電視機，然後用手指在電視機螢幕上寫幾個簡單的字。寫完字後，就可以用粉撲沾一些滑石粉（或痱子粉），然後在電視機螢幕上抖動幾下，你就會看到抖動下來的粉塵被電視機迅速「吸」過去了！但是，不知道為什麼，除了寫過字的那幾個地方留下了空白，電視機上的其他地方都沾滿了粉塵。你能解釋其中的原因嗎？

### 答案

這就是因為靜電在發揮作用。所謂靜電，是一種處於靜止狀態的電荷，多在乾燥的天氣中出現。當我們開啟電視機的時候，螢幕上就開始充滿了靜電。在電視機被關閉的時候，靜電還將在螢幕上停留一段時間。這時我們在螢幕上寫字的話，因為人體也會導電，所以寫字的那幾個地方就會被手指抹掉靜電電荷。因此，當我們往上面吹滑石粉的時候，只有充滿靜電的地方才會吸引住滑石粉的粉塵，而其他地方卻不能夠。

這個跟靜電影印機的原理是一樣的。靜電影印機就是利用靜電正、負電荷能互相吸引的原理製成的。影印機原件的文字或影像投影到一個半導體平面上後，就會在該平面上塗一層反光負載粉，這時，帶電荷的區域就能迅速地將這些負載粉吸

附住，由此就得到了一張粉圖。接著，工作人員再讓粉圖移壓至白紙上，加熱烘乾後便可得到一張與原件一模一樣的定影檔案了。

## 銅絲也能滅火

人撥出的二氧化碳氣體可以滅火，黃沙可以滅火，水也可以滅火。可是你知道嗎？銅絲也能滅火！不信的話，我們可以透過下面的實驗來證明一下。

用粗銅絲（如果銅絲細的話，可以多股一起）繞成一個內徑比蠟燭的直徑稍微小一點的線圈，記得在圈與圈之間留有一定的空隙。然後點燃蠟燭，把銅絲製成的線圈從火焰上面罩下去，正好把蠟燭的火焰罩在銅絲裡面。這個時候，你就看到火焰被熄滅了。

這還只是銅絲，如果有一張銅網，效果就更明顯了！如果有銅網可以實驗一下，將銅網從酒精燈的火焰上方壓至火焰內焰的中部，觀察一下什麼是「火被去頭」。然後，再用燃燒著的木條點燃網上的酒精，等冒出蒸氣後，觀察火焰是如何被「切為兩截」的。

觀察完這些現象後，你能解釋出銅絲滅火的原因嗎？

Part 5　穿越電和磁：火花四射般的魔幻電磁

**答案**

　　這是因為銅具有良好的導熱性。當銅絲罩在燃燒著的蠟燭上面時，火焰的熱量大部分被銅絲帶走了，使蠟燭的溫度大大降低。當溫度低於蠟燭的燃點時，蠟燭當然就不會燃燒了。

　　而之所以會出現「火被去頭」、「切為兩截」的現象，是因為當一張細眼銅絲網壓在火焰頭上時，由於銅網使火焰的熱量散失了，穿過銅網的酒精氣體溫度就下降到酒精燃點以下了，所以火焰才熄滅了，就出現了網下燃燒網上無火的「火去頭」的現象。當用燃燒著的木條去點燃銅網上的酒精氣體時，火焰又重新燃燒了起來，造成了火焰被「切」為兩截的現象。

## 廚房裡有趣的加熱器具

　　你知道嗎？一件特別普通、特別常見的家用器具，也能在有些時候變成科學儀器呢！就看你是怎麼用它們來做實驗了。

　　現在，請你拿出一口家用的帶有金屬鍋蓋的鍋，然後把你的手機（可以正常使用的手機）放在鍋裡，並蓋上金屬鍋蓋。然後，用另一支手機或者固定電話撥打鍋裡那支手機，你會發現什麼呢？如果不出意外的話，鍋裡的手機是不會響的，壓根就

沒有任何動靜。當你把鍋蓋稍稍移開，露出一條小縫的時候，手機就又恢復正常，會響了！你知道這是為什麼嗎？

**答案**

這個實驗的祕密就在於電磁波的性質，電磁波可分為無線電波、微波、紅外線、紫外線等，可用於通訊、加熱、遙控、醫療消毒等。

家中常用的鍋具，除了砂鍋外，一般都是用金屬做的，其中最常見的材料是鋼。但是，金屬有一個作用，就是會阻隔那些手機天線中能接收到的電磁波。所以，當你把手機放進鍋裡，並蓋上鍋蓋後，就相當於阻隔了電磁波，手機就接收不到任何訊號了，所以它才會沒反應。

如果你不相信金屬是導致這種現象產生的原因的話，可以進一步驗證一下：你可以改用塑膠鍋蓋或是任何一種非金屬的鍋蓋來做這個實驗，你會發現，蓋上鍋蓋，手機鈴聲照樣響起。

## 硬幣如何發電

眾所周知，人體是帶有一定的電荷的。但是，你們知道嗎？不止人體，我們身邊的很多物體都帶有電荷，並且可以發電。不相信的話，我們就拿身邊最常見的硬幣來說吧。

## Part 5　穿越電和磁：火花四射般的魔幻電磁

　　找來一些硬幣，然後將它們依次間隔地疊加起來。同時，在每兩枚硬幣之間夾一張用鹽水浸溼的小紙片。大約疊加個二三十層（一般不要少於20層，層數越多效果越明顯）後，找兩根電線，其中一根電線連線起「硬幣柱」的兩端，而另一根則與這根電線相接，連線到靈敏的電流表上。做好這些後，你就可以明顯地看到電流表的表針偏轉了！這就說明是有電流的存在了。

　　如果你的手邊沒有靈敏的電流表的話，你也可以將這兩根電線靠近，然後用一根電線去接觸自己的舌尖，你的舌頭就會有麻的感覺，那就是有電流通過的表現。不過，這個電量太小了，在生活中起不了大的作用。

　　請問，你能用物理學上的知識來解釋一下硬幣是怎麼發電的嗎？

**答案** •••••••••••••••••••••••••••••

　　這些層層疊疊堆在一起的硬幣有一點像疊層電池或電堆，是利用了硬幣分別是鐵和銅等金屬鑄造而成的特性。由於銅和鐵這兩種金屬的原子核外的自由電子的活性是不同的，所以，將浸了鹽水的紙片隔在其中，能夠產生電解液輸送電荷的作用。電荷在兩種金屬之間運動，就產生了電流。層數越多，電壓越高，參與流動的電荷也就越多，電流也就越強。所以，小小的硬幣也就能發電了。

## 如何自製發電機呢

　　小新剛在物理課堂上學習了電流、電路這一方面的內容，對這些都很感興趣，就想找個東西做個實驗，自己製作一個發電機。

　　做發電機需要馬達，所以，小新在自己眾多玩壞的玩具中找來了一個直流馬達；接著，小新在一個手電筒用的 1.5V 的小電珠的銅螺紋上繞了一段銅絲，並把另一段銅絲連線在燈頭頂端的錫帽上；最後，小新又把這兩段銅絲的另一端分別繞在小馬達的兩個接線片上（如圖一所示），一個電路就組裝好了。

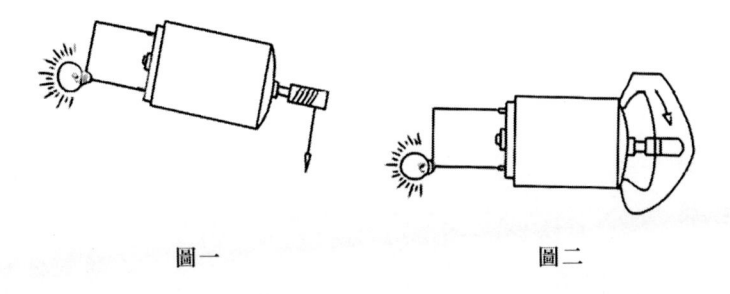

圖一　　　　　　　　　　圖二

　　這個時候，小新嘗試著用自己的手指去轉動馬達的軸，去觀察小電珠有沒有發光。如果小電珠發光了，就說明這個發電機做好了。

　　如果電珠不亮，有兩種情況：一是發電機做得不成功，二是電流太弱了，導致電量不足以支撐小電珠發電。小新在仔

Part 5　穿越電和磁：火花四射般的魔幻電磁

細檢查後，發現發電機沒有問題，於是他就擷取了一小段腳踏車氣門芯套在馬達軸上，再把長約 100 公分的縫衣線繞在氣門芯的膠管上，然後用力一拉，使縫衣線帶動小馬達的軸飛快地轉動。這樣一來，小燈泡就會微微發光了。這說明小馬達發電了。（圖三）

當然，實驗不能白做，你能說說小新是如何讓小電珠亮起來的嗎？

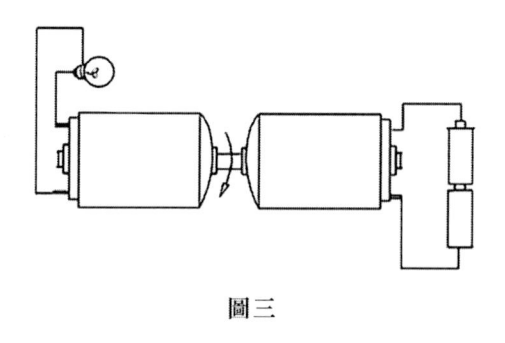

圖三

### 答案

因為小新選擇的發電機是永磁式直流馬達，所以才能當發電機。這種馬達的構造和直流發電機的構造相同。在馬達轉子線圈的外面，有兩塊瓦形的永久磁鋼。當外力帶動馬達的轉子轉動的時候，線圈中的導線在磁鋼的磁場中就會產生感應電流，而這股電流就可以促使小電珠發光。

## 敲擊和加熱能使磁性加強嗎

　　如果把水加熱，會讓它變熱；如果敲擊鐵管，會讓鐵管發出不同的聲音。那麼，如果我們去敲擊和加熱帶磁的東西，會讓磁性加強嗎？我們可以來實驗一下。

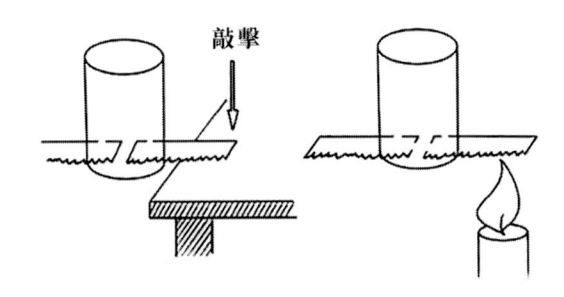

　　找兩段約 5 公分長的鋼鋸條，讓它們吸在磁鐵的同一磁極上（如圖所示）；用錘子把其中一段猛擊幾下（鋼鋸條不能離開磁極），然後取下鋸條，分別來吸小鐵釘。結果顯示，經過敲擊的鋸條的磁性明顯增強了。

　　再取兩段鋸片，也吸在同一磁極上。將其中一段（不離開磁極）鋸片放在蠟燭上加熱半分鐘，然後移開。用這兩片鋸條來吸小釘，顯然，加熱磁化的鋸條，磁性也大大加強了。

　　請問這是為什麼呢？

Part 5　穿越電和磁：火花四射般的魔幻電磁

### 答案

　　我們先了解一下什麼是磁性。磁性是物質在不均勻的磁場中會受到磁力而產生的作用，當一件東西能夠吸住所有含鐵、鈷、鎳等物質的時候，就可以說這件東西上有磁性了。一件東西之所以會有磁性，是因為其內部的分子構成而形成的。當你加熱、敲擊帶有磁性的東西時，都能使分子更加「活躍」，因而在磁化時更容易在外強磁場作用下排列整齊，所以磁性就增強了。

## 簡易自動馬達

　　如果給你一包漆包線、一個火柴盒、一節 1 號電池這三樣東西，你如何做一個簡易的自動馬達呢？

　　首先，將這包直徑 0.4 公釐、長 200 公分的漆包線，在火柴盒上繞成一個長為 5 公分、寬為 3.5 公分的長方形線圈；其次，把這兩個線頭線上圈上綁幾圈後，從線圈的同一面拉出來，並處在同一條直線上；第三，用兩個迴紋針彎成馬達的支架，然後將這個支架固定在一個小木板上；第四，把線圈放在支架上面，注意，線圈要一面朝下，然後刮光兩線頭朝下半邊的漆；第五，把磁鐵固定線上圈的一側，並兩頭接在一節 1 號電池上。

你會發現，線圈就能自動旋轉起來了。當你交換電池的正負極時，線圈又會自動變換旋轉方向。這就是一個簡易的自動馬達了。不過，這個馬達的工作原理是什麼呢？

**答案** ●●●●●●●●●●●●●●●●●●●●●●●●●●●●●●●●●●●●●

因為電池和慣性的作用。因為線圈的兩個線頭是從線圈的同一個面拉出來的，所以線圈的重心不在轉動軸上，而是總有一面朝下的。但是，朝下的那一面的線頭的漆又是刮光的，所以當你裝上電池後，就相當於將電池連線在了線圈上，給了線圈一個轉動起來的力。到後半圈的線圈時，則是因為慣性轉過去的。

## 奇怪的影響

生活中的電路是由串聯和並聯這兩種組成的。如果你留心觀察，你就會在生活中發現串聯與並聯的不同：裝飾聖誕節的一長條綵燈，如果你關了電源，整條上面的燈都滅了；但是家中的電器卻不是這樣，你可以同時開啟電視機、洗衣機和電腦，也可以只開其中一個。那麼，串聯和並聯除了能方便生活外，我們日常生活中為什麼有些地方要使用串聯，有些地方要使用並聯呢？

## Part 5　穿越電和磁：火花四射般的魔幻電磁

比如說，把兩個玩具中的馬達串聯後接到電池上，你會看到它們都緩慢地轉動著；當你用手捏住一個馬達的軸時，另一個馬達便飛快地旋轉起來；當你捏住第二個馬達的軸，第一個馬達又飛快地旋轉了（如圖一所示）。相反，如果把兩個馬達並聯後接到電池上，兩個馬達之間的影響就很小（如圖二）。請為這是為什麼呢？

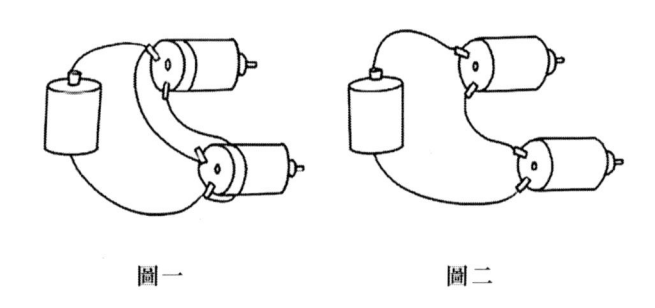

圖一　　　　　　　　圖二

### 答案

這是因為串聯的電器間的影響比較大，導致用電器的電壓不能穩定，而且，串聯的話，一個電器出現了問題，其他電器也不能用了；但是並聯的電器間的影響則很小，而且每個電器的電壓始終等於電源電壓，所以日常的家用電器都是並聯的。

## 能夠發電的文字

　　如果說文字也能發電，你相信嗎？現在給你一塊硬紙板、白紙、十個黃銅信夾、電線、一把剪刀、一個 4.5 伏特的電池組、一個帶有燈座的燈泡、膠水、一支蠟筆等東西，你來做個試驗證明一下。

　　用那些紙剪出來十張長方形的紙片，並在其中五張紙片上各寫一個詞語，然後，在另外五張紙片上寫下與前五個詞比較相近的詞；接著，把前五張紙片貼在硬紙板的左邊，把後五張紙片打亂順序後貼在硬紙板的右邊；而後，在每張紙片的旁邊鑽一個小洞，在每個小洞中插一個信夾；拿來準備好的電線剪下來八截，並在硬紙板的反面，把其中一根電線連線在一個信夾上，把另一端連線在對應的那個詞旁邊的信夾上。就這樣，用五根電線分別將五組互相對應的詞連線起來。

　　等到都連線起來後，你再把一根電線的其中一端接在電池組的一個極上，另一端接在燈泡燈座的一個接頭上，再在電池組的另一極和燈泡燈座的另一個接頭上各接一根電線；然後，用這兩根電線裸露的一端分別接觸兩個對應的詞旁邊的信夾，你就會發現小燈泡亮了。

　　你能說說這些字為什麼會發電嗎？

Part 5　穿越電和磁：火花四射般的魔幻電磁

**答案** ●●●●●●●●●●●●●●●●●●●●●●●●●●●●●●●●●●

　　這是因為黃銅信夾是一種優良的導電體。當你把電線裸露的兩端分別放在連在一起的兩個信夾上時，電路其實就被接通了，所以就有電流流經燈泡，燈泡就亮了。

## 可以發光的電磁感應翹翹板

　　恩華下週就要參加學校的科技節活動了，他計劃做一個可以發光的電磁感應翹翹板，想著可以拿到一個好名次。

　　恩華計劃做的翹翹板如圖一所示的那樣。在做這個電磁翹翹板的時候，他準備了很多東西：首先，恩華找來了一根兩端封閉的透明塑膠管，並在管中放了一塊磁性很強的磁鐵；其次，恩華在塑膠管的外面纏繞了一些金屬絲作為線圈，並線上圈的兩端並聯了兩個發光的二極體，其電路如圖二所示。等做好後，恩華在演示電磁翹翹板時，就把塑膠管上下翹動，磁鐵便線上圈中開始左右移動了。

可以發光的電磁感應翹翹板

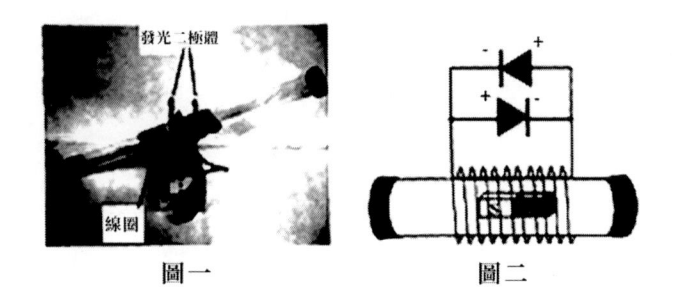

圖一

圖二

現在需要回答的問題是，電磁翹翹板上下翹動時，為什麼發光二極體會輪流發光？你知道生活中還有什麼東西也是根據這一原理工作的？

**答案**

當電磁翹翹板上下翹動時，磁鐵在管中來回運動，磁鐵運動的方向不同，使線圈做切割磁感線運動的方向不同，產生的感應電流方向不同。由於二極體具有單嚮導電性，電流只能從二極體的正極流入，負極流出，所以，當電流通過兩個二極體中的一個時，那個二極體就會發亮；當另一端低時，磁鐵又向相反方向穿過線圈，產生相反方向的電流，故另一個二極體也會發亮。所以，二極體會輪流發光。

像我們生活中常見的馬達、發電機也是根據電磁感應的工作原理工作的。

Part 5　穿越電和磁：火花四射般的魔幻電磁

## 你了解汽車車速表嗎

連假期間，莉莉和爸爸媽媽一起去鄰市遊玩，需要走一段高速公路。在進高速站口之前，莉莉看到了旁邊的指示牌上標著限速多少多少的數字。莉莉就問爸爸：「爸爸，你怎麼知道你的車開的速度是多少呢？」

爸爸回答說：「因為每輛汽車上都有車速表，我們看車速表上的指標位置就知道了。」

「哦，這樣啊。那車速表是怎麼測量車的速度呢？」

爸爸聽後說：「這個很簡單，只要……」你能猜出來莉莉的爸爸是怎麼說的嗎？

### 答案

因為莉莉問的是車速表怎樣測量車速的，所以莉莉的爸爸就告訴她車速表的工作原理。

車速表是利用電磁感應原理製成的，使錶盤上指標的擺角與汽車的行駛速度成一個正比。車速表的構成主要有驅動軸、磁鐵、速度盤、彈簧游絲、指標軸、指標等部件，其中永久磁鐵與驅動軸相連。

當驅動軸帶動永久磁鐵轉動時，速度盤上各部分的磁感線依次發生變化。順著磁鐵轉動的前方，磁感線的數目逐漸增

加,而後方則逐漸減少。當通過導體的磁感線數目發生變化時,在導體內部會產生感應電流。感應電流產生了磁場,而磁感線的方向會阻礙原來磁場的變化,所以,順著磁鐵轉動的前方,感應電流產生的磁感線與磁鐵產生的磁感線方向相反,因此它們之間互相排斥;反之,後方感應電流產生的磁感線方向與磁鐵產生的磁感線方向相同,它們之間則相互吸引。由於這種吸引作用,導致速度盤被磁鐵帶著轉動,指標軸及指標也隨之轉動。

　　車速表上的指標之所以能夠根據不同的車速停留在不同的位置上,則是因為指標軸上裝有彈簧游絲。當速度盤轉過一定角度時,游絲被扭轉產生相反的力矩,當它與永久磁鐵帶動速度盤的力矩相等時,則速度盤停留在那個位置而處於平衡狀態。這時,指標軸上的指標便指示出相應的車速數值。當汽車停止行駛時,磁鐵停轉,彈簧游絲使指標軸復位,從而使指標指在「0」處。

# Part 5　穿越電和磁：火花四射般的魔幻電磁

# Part 6
# 力與運動的「較量」：
# 旋轉跳躍不停歇

　　當你搭乘的公車突然停止的時候，你會發現原本不動的乘客卻集體向前傾倒；當你穿著防滑鞋行走在被大雪覆蓋的馬路上時，你會看到容易滑倒的都是沒有穿防滑鞋的人；當你盪著的鞦韆被人推到了最高處的時候，你會感覺到鞦韆會「迫不及待」地往下落……這就是慣性、摩擦力、重力的作用。所以，人類的生活其實就是與各種力之間的較量。如果把這些力用好了，就會有利於人類的生活和發展；如果力沒有運用恰當，就會讓人感覺到費力。「知己知彼，百戰不殆」，如果想打贏這場力與運動的戰爭，不如先來了解一下各種力是怎麼回事吧。

## Part 6　力與運動的「較量」：旋轉跳躍不停歇

# 「魚刺」不卡了

一個週末的午後，小可早已經寫完了作業，電視裡也沒有什麼可看的節目，附近的小夥伴正好都不在家，無事可做的小可躺在沙發上唉聲嘆氣，不知道做些什麼才好。爺爺看他如此無聊，就提議一起做個小實驗，打發一下無聊的時光。小可欣然答應了。

於是，爺爺就和小可一起找來了以下幾樣東西：直徑9公釐的毛筆桿、棉花、兩個一樣大小的玻璃杯、鐵絲和適量的水。

爺爺先是在毛筆桿上擷取了一段5.5公分長度的筆桿，將筆桿的中心打一個直徑為5公釐的孔，中間注進半管水，在筆桿的兩頭緊塞上棉花，攔腰再綁上一兩圈細鐵絲，這就做成了一根類似於「魚刺」的東西。而後，爺爺把「魚刺」放進水裡，並調節下鐵絲的長短，使它剛好能直立地浮上水面。

接著，爺爺又找來兩個大小相同的玻璃杯，將兩個水杯都裝滿水，與杯口相齊，並把「魚刺」放入了一個水杯中，而另一個水杯上則被蓋上了一張厚紙。只聽爺爺說道：「小可，看清楚了，我要變魔術了！」說完，爺爺就用手壓著這張厚紙，將這個水杯倒了過來，並快速地對準扣在了有「魚刺」的那個水杯上。然後，爺爺抽掉紙，將兩個杯子連成了一個封閉的長水筒。慢慢地，小可就看到了這麼一幕：當爺爺慢慢地把兩個杯子倒轉

過來的時候，水杯中的「魚刺」先卡在杯子的下部不上浮，過了一會兒，才又自動脫落地升上了頂部；再次倒轉杯子，「魚刺」又會卡住，然後過會兒才脫落上升……

小可覺得很神奇，就問爺爺這是怎麼回事。爺爺這才解釋了一下，小可感嘆地說道：「物理真偉大啊！」

請問，你知道這是怎麼一回事嗎？

**答案** ●●●●●●●●●●●●●●●●●●●●●●●●●●●●●●

這是壓力和摩擦力在發揮作用。當爺爺把杯子倒過來的時候，按理說「魚刺」也應該轉個身，繼續漂浮在杯子的上半部分。但是，因為「魚刺」比杯底的直徑長，所以它就會卡在杯壁上，跟著一起倒過來，落到了杯子的下半部分。直到過了一會兒，隨著「魚刺」中的空氣慢慢升到了「魚刺」的另一頭，它放鬆了對杯壁的壓力，摩擦力減小了，「魚刺」才會重新浮到杯子的上部。

## 防滑鞋為什麼能防滑

「摩擦！摩擦！在光滑的地上摩擦！」欣欣一邊哼著〈我的滑板鞋〉，一邊穿著讓媽媽新買的板鞋在地板上做著摩擦的動

## Part 6　力與運動的「較量」：旋轉跳躍不停歇

作，在客廳裡翩然起舞。

欣欣的叔叔看到了，笑哈哈地問欣欣：「欣欣，我聽不懂妳在唱什麼，但是妳知道滑板鞋為什麼能在光滑的地板上摩擦，還不會讓人摔倒嗎？」

「嗯？難道不是因為它是鞋子，所以能讓人站立在地板上，才不會摔倒嗎？」欣欣疑惑地問道。

「嗯，也對也不對。那妳再說滑板鞋和其他鞋子有什麼不一樣的地方？」

「不一樣的地方……難道是鞋底不一樣？」

「對了！就是鞋底不一樣。」說完，叔叔就拿著普通的鞋子和欣欣腳上的板鞋做了比較。在叔叔的提示下，欣欣看到她穿的板鞋跟一般鞋子比較來看，鞋底非常平整，能讓鞋底完全地平貼在地面上；而且，欣欣總感覺板鞋的鞋底要比其他的鞋子更寬大一點，上面也分布了很多小塊狀的東西，看起來更加防滑。

看完這些，欣欣恍然大悟，說道：「叔叔，我知道板鞋為什麼能防滑了，就是因為……」

叔叔聽後，點點頭說欣欣說對了。親愛的讀者朋友們，你們知道板鞋及市面上販賣的防滑鞋的防滑原理是什麼嗎？

## 答案

　　防滑鞋的防滑原理就是利用了摩擦力。欣欣在比較了防滑鞋與普通的鞋子之後,認為防滑鞋之所以防滑,就是因為鞋底有很多小塊狀的東西,增大了鞋子與地面的摩擦力。

　　這就得解釋一下摩擦力了。摩擦力是一種對人們的生活很重要的作用力,只要兩個物體相互接觸了,就能產生摩擦力,可分為有利摩擦和有害摩擦。像防滑鞋的這種摩擦力就是有利摩擦,因為增大了接觸面的面積、粗糙程度,導致摩擦力變大,讓人不至於滑倒。

　　如果你碰巧買了新鞋子,或者是遇到了下雨的天氣,感覺鞋底有點滑的時候,不妨增加一下鞋底的摩擦力,比如用砂紙摩擦鞋底、在鞋底貼上膠布等,就可以增大摩擦力,達到很好的防滑效果。

## 猜猜看哪根線先斷

　　現在有一個鐵球,你在鐵球兩邊的環上分別繫上線,並將線的一端固定在實驗架(沒有實驗架,固定在吸管或門環上也可以)上,而另一端則繫上小木棍。這時,你一面慢慢地拉木棍,一面觀察哪一邊的線先被拉斷。如果你是瞬間快速地拉木棍後並停下來,又是哪邊的線先被拉斷呢?

## Part 6　力與運動的「較量」：旋轉跳躍不停歇

你會發現，如果慢慢地拉動木棍的話，那麼被拉斷的線是實驗架與球之間的線；如果你在瞬間快速拉動木棍的話，那麼被拉斷的是木棍與球之間的線。請問，為什麼會有不一樣的現象發生呢？

**答案**

這需要我們先來分析一下用線連結的球所受的力都有哪些。首先，是地球對鐵球的引力 ── 重力，還有為了不使球掉下來而固定在實驗架上的線的拉力。現在，這兩種力是處於平衡狀態的。但是，當你慢慢拉動木棍時，固定在實驗架上的線的拉力與地球引力就不平衡了，固定在實驗架上的線因為經不住重力而被拉斷了。當你瞬間快速地拉動木棍時，由於鐵球停止不動而人大力往下拉，超過了線的承受能力，所以球與木棍之間的線被拉斷了。

## 瓶子射鉛筆的遊戲

星期天，思達和他的同伴們一起，玩了一個瓶子射鉛筆的遊戲。

玩這個遊戲之前，思達和同伴們每個人都準備了一個裝有礦泉水的塑膠瓶。這個塑膠瓶可不是隨便選擇的，要求瓶口一

## 瓶子射鉛筆的遊戲

定要很小，且瓶壁有一定的硬度。接著，思達和同伴們就在離底部不遠的瓶壁上鑽了一個約 5 公釐的小孔，並將一顆沒有吹過氣的小氣球塞入了瓶內，把它的吹氣口留在了瓶外，反套在瓶口上。然後，思達和小夥伴們就紛紛用嘴朝著瓶裡的氣球吹氣。當氣球膨脹到一定程度時，立即用右手中指堵住瓶壁上的小孔。

這時，讓瓶口朝天，思達和同伴們把事先準備好的鉛筆放進瓶子裡，並讓鉛筆的一頭留在瓶口外，然後，再移開堵住小孔的手指，他們就看到鉛筆被射向了空中。如果誰射得遠，誰就贏了。

思達和同伴們玩得很開心，但是你能告訴他們這個遊戲的原理是什麼嗎？

### 答案

遊戲中，由於瓶中的氣球被吹脹了，當人用手指堵住小孔後，在氣球外與瓶子內的大氣壓力的作用下，氣球膜與瓶壁之間就形成一個密封的空間。這個空間中的空氣壓強加上氣球膜的收縮力產生的壓強，就等於外間的大氣壓強。如果氣球要收縮，氣球膜與瓶壁間密封空間裡的空氣體積就會增大，造成壓力減小，而外間的大氣壓力會強迫球膜凹進瓶裡。所以吹脹的氣球雖然沒有繫緊吹氣口，仍然不會癟下去。但是，當人的手指一旦放開小孔，那麼，氣球膜與瓶壁之間的空間就不再是密

Part 6　力與運動的「較量」：旋轉跳躍不停歇

封的了。沒有了壓強差，拉伸的球膜就馬上自動收縮起來，所以就把鉛筆發射了出去。

## 小小潛水艇

你知道為什麼潛水艇可以在水面和海底來去自由嗎？現在，讓我們在實驗中尋找答案。

取一個水盆，裝上適量的清水。找一個擠壓式的眼藥水瓶子，去掉小瓶的蓋子，然後在小瓶中裝滿水，將它放到水盆中去，你就看到它沉到了盆底。接著，將一個塑膠吸管的一端放入眼藥水的小瓶內，然後在吸管的另一端吹氣。你就看到沉入水底的小瓶子慢慢地浮上來了。

潛水艇的工作原理和這個是一樣的，你知道是怎麼回事嗎？

**答案**

在這個遊戲中，沉入水底的小瓶子之所以能浮起來，是因為改變了物體的重量從而改變物體在水中的沉浮狀態。首先，小瓶子能沉下去是因為它本身加上水的重量比較重。當我們向瓶子中間吹氣的時候，空氣會排除瓶子中的一部分水，讓瓶子變輕，它受到的浮力自然足以把它托起來了。

潛水艇的原理跟這個類似。在水面上時，潛水艇和普通輪船的航行方式一樣。不過，潛水艇的船身內有特製的水艙，能夠裝水或空氣來改變潛水艇的重量。因此，當潛水艇準備潛水時，就向水艙內灌進大量海水，使潛水艇的重量加重，所以潛水艇能夠潛入水裡。當潛水艇要回到水面上時，就向水艙內充進壓縮的空氣，把海水擠壓出去，這時候，潛水艇的重量變輕，所以潛水艇又會浮到水面上。

## 堅固的趙州橋

冉冉讀了一本書，書上說，中國的趙州橋已經有 1,400 多年的歷史了，這期間經歷了 10 次水災、8 次戰亂和多次大小地震，依然堅固地橫跨在河面上，屹立不倒。文中雖然做了分析，冉冉仍有一些疑問。

帶著這些疑問，冉冉回到了家，去詢問家裡博學多識的大學生哥哥。當哥哥聽了冉冉的疑問後，就讓冉冉去冰箱裡拿了兩顆雞蛋。冉冉雖然不解，但還是拿來了兩顆雞蛋。哥哥問道：「冉冉，妳猜猜看，如果用雞蛋的小頭撞大頭的話，哪一頭先破？」

「這個我知道，肯定是小頭啊！」冉冉急切地說道。

## Part 6　力與運動的「較量」：旋轉跳躍不停歇

哥哥只笑不語，讓冉冉兩隻手各拿著一顆雞蛋，按照哥哥說的那樣，用一顆雞蛋的小頭去撞另一顆雞蛋的大頭。結果，令冉冉驚奇的是，竟然是雞蛋的大頭被撞破了！接著，哥哥又讓冉冉用雞蛋的大頭和另一顆雞蛋的中部相撞，結果是雞蛋的中部被撞破。

當冉冉撿起被撞碎的蛋殼，她發現雞蛋的小頭處和雞蛋中部的蛋殼一樣的薄，可是，為什麼反而是小頭那裡最硬呢？請問，這是怎麼一回事呢？

### 答案

原來，雞蛋的小頭、大頭、中間的這三個部位的蛋殼雖然差不多厚薄，但是，讓這三者有區別的就是蛋殼的拱形結構了。

細看一下，你會發現，小頭那裡的蛋亮拱形的彎曲程度是最大的，大頭那裡居中，而中間部位的蛋殼則比較趨於平整。相比較而言，拱形結構的物體要比平整結構的物體承載能力強，而且，拱形結構的彎曲程度越大，對抗外來壓力的效能就越強。

這是因為拱形結構的物體在承載重量時，會把壓力向下、向外傳遞給相鄰的部分，而拱形各部分又會相互擠壓，使其結合得更加緊密。拱形受壓後會產生一個向外推的力來抵住這個力，就能承載很大的重量了。根據蛋殼的這個實驗，你就會知道有著拱形結構的趙州橋為什麼這麼堅固了。

# 新奇的拉簧

不知道大家有沒有注意到生活中有一個這樣的現象：當你去推一個體積特別龐大，或者是體重特別重的東西的時候，你有沒有覺得你在用力推的時候，那個東西也在推你？甚至當你在特別吃力地推的時候，你能感覺它貌似要把你給推倒了？大家知道這是怎麼一回事嗎？如果你不知道的話，也不要擔心，我們這就來做一個實驗加以探討。

找一根 50 公分長的細繩，並串上 2 顆鈕扣，然後將繩頭打結，形成繩圈，就做成了一個雙飛輪拉簧（如下圖所示）。

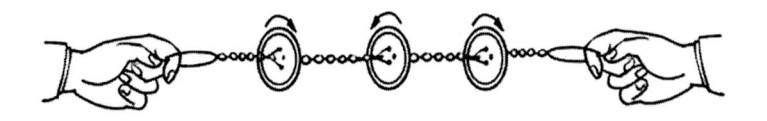

當你用雙手持續地拉動線繩的時候，注意在鬆動的時候也不要讓繩彎軟，這時，兩個飛輪就貼在一起轉動。接著，你可以變動力氣大小，用手拉、鬆線繩的速度增大一倍，而且每一次鬆開線繩的時候都要鬆得徹底，這樣，你就會發現，兩個飛輪分開了！而且它們旋轉的方向始終相反。更奇妙的是，當你在繩子上串了 8 顆鈕扣後，拉繩的頻率再增大到一定值，8 顆鈕扣（飛輪）都各自旋轉了 —— 而且是一個朝前、一個朝後、一個又朝前，一個又朝後的順序。你知道這都是怎麼一回事嗎？

Part 6　力與運動的「較量」：旋轉跳躍不停歇

### 答案

　　這個小實驗就是告訴了我們關於反作用的一個問題。當砲彈往前打的時候，炮受到的反作用力就會後退；由此可見，作用力和反作用力是生活中一種普遍存在的規律，是一對相互的作用力，它們大小相等、方向相反，在一條直線上。這個實驗，就是講解了反作用力的作用，即當砲彈往前打的時候，炮會受到反作用力而後退。

## 蛋殼變不倒翁的祕密

　　你有沒有玩過不倒翁？是不是覺得這個胖胖的、搖過來晃過去的小人特別可愛呢？那麼，你知道不倒翁為什麼會不倒嗎？

　　我們自己製作一個簡易的不倒翁，就知道是怎麼回事了。拿一顆生雞蛋，將它立在桌子上，這個雞蛋是不是始終站不住呢？別著急，我們可以從小頭那裡小心地戳開一個小洞，將裡面的蛋液倒出來。這時候你再看看空了的蛋殼，是不是依然站不住呢？如果是的話，再找來一些細沙子，將沙子慢慢灌入空了的蛋殼中。在一邊灌沙子的時候，一邊將灌了沙子的蛋殼放在桌子上，看它會不會站住。如果蛋殼搖搖晃晃地站住了，而且不管你怎麼推，它都不倒，這就說明蛋殼不倒翁做好了。

那麼，你來說說看，原本站不住的雞蛋和蛋殼為什麼會變成一個不倒翁呢？如果你觀察仔細的話，你會發現，蛋殼中的沙子的高度總是小於蛋殼下半部的直徑。

## 答案

讓蛋殼不倒的祕訣就在於那些沙子了。這是利用了物體的重心這一點。

眾所周知，上輕下重的物體比較穩定，也就是說重心越低越穩定。不倒翁本來是一個空心的殼體，重量很輕。但是當我們往裡面加入了沙土之類有重量的東西後，會讓不倒翁的下半身變成一個實心的半球體，而不倒翁的重心就在半球體之內。不倒翁下面的半球體和支撐面之間有一個接觸點，這個接觸點就是不倒翁的支點，位於半球中心，位於中心的正下方。這個半球體在支撐面上滾動時，接觸點的位置雖然發生改變，不倒翁在重力的作用下仍要回到其支點保持自身平衡。所以不倒翁就始終不會倒。

所以，製作不倒翁的祕訣就在於要讓不倒翁的重心低於它底面的圓心。這樣，當不倒翁傾斜時，觸地點比重心偏離得快，重力就能促使不倒翁擺回來了。

Part 6　力與運動的「較量」：旋轉跳躍不停歇

## 小汽船的執行原理

週末，小明閒著無聊，就按照實驗書上的說明，在家自己做了一個小汽船。

首先，小明找來一些木板，按照圖二所示的形狀和尺寸製作了一個汽船。其次，小明找了一根細鐵管，用薄鐵片在大鐵釘或粗鐵絲上捲上，一頭收口時要細些，將縫隙用錫焊合（如圖三所示）。

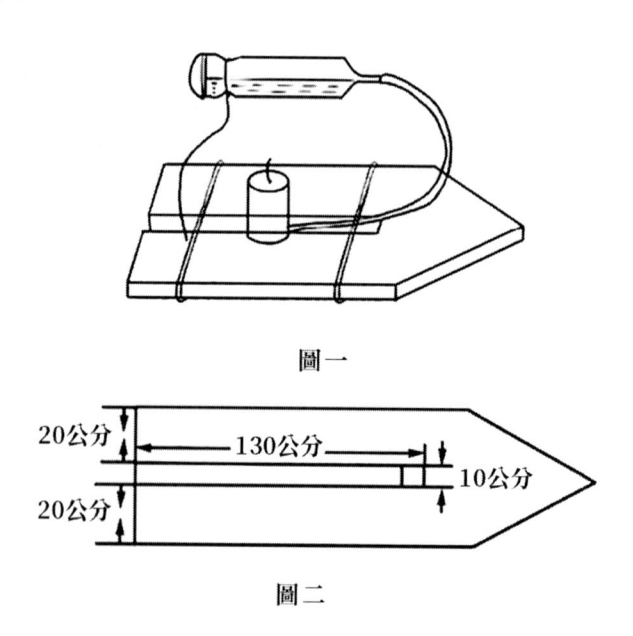

圖一

圖二

小汽船的執行原理

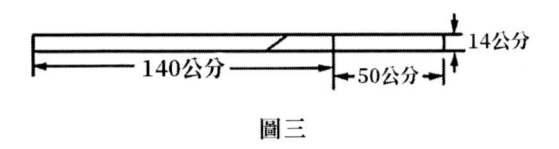

圖三

再次，小明在裝配這些東西時，先在船板上鑽了一個小孔，插入一段直徑 1 公釐的細鐵絲，用來固定玻璃眼藥水瓶。然後，他在玻璃瓶的尖口套上一段長 120 公釐的腳踏車氣門芯膠管，膠管的另一頭套在鐵管的細口上。接著，小明又在船身前後的適當位置上分別套上了兩根橡皮筋，用來固定住鐵管，使鐵管可以插入橡皮筋中，這樣既能保持傾斜又能隨意調整（如圖四所示）。

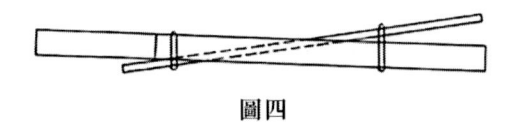

圖四

最後，小明在玻璃瓶中裝半瓶水，小汽船就做好了，最後的成型圖如圖一所示的那樣。

在試航時，小明先點燃了一小根蠟燭。過了一會兒，等到空氣排完後，水蒸氣就激起管內水柱做往返的振動。這時汽船就啟動了。

注意，點燃蠟燭的火焰太大了，反而會使船不能航行，因為水蒸氣太強會把鐵管內的水柱全部壓出管外。這時，可以剪

去一點燭芯，或加大瓶與焰間的距離。此外，還可以移動鐵管前後的位置，調節浸入水裡的長度。

你知道小明自製的汽船為什麼能航行嗎？

**答案**

這是因為水柱在鐵管內來回振動。因為水柱來回振動的快慢不同，產生了一個碰撞的力，所以才推動了小船向前行進。

## 尖頭好，還是圓頭好

你小時候玩過陀螺嗎？就是那種圓圓的錐形小玩具，用鞭子不斷抽它，就能在地面上轉動很久很久。如果你玩過的話，那你有沒有認真地觀察過陀螺的構造呢？或許有人會說，這有什麼好觀察的，不就是一個圓錐體嗎？話雖如此，但是如果你仔細研究過陀螺，你就會發現陀螺底部，也就是挨著地面的那個頭很有講究。

在很多人的認知中，認為陀螺的這個頭就是尖尖的。但是，研究顯示，陀螺的底部是尖頭還是圓頭，會有很不一樣的效果。不信的話，就一起來做個實驗吧。

你先用鐵皮剪一個小圓片，並在圓片的中心打一個孔，然

## 尖頭好，還是圓頭好

後插進去一段直徑為 2～3 公釐的去頭長螺釘。接著，用兩個螺帽把鐵片夾緊在螺釘的中部，將螺釘的一端用銼刀銼成針尖狀，另一端銼成圓頭狀。一個簡易的螺釘陀螺就做好了。

做好後，你可以先將螺釘陀螺比較尖的那一端著地，然後用手使螺釘陀螺旋轉開來。在轉動的過程中，你發現螺釘著地點的位置始終沒有移動。過一會兒，陀螺就開始了傾斜，進而產生了振動，接著傾斜角度逐漸加大，直到圓鐵片倒地不轉為止。

然後，你再將螺釘陀螺的圓頭著地，並像之前一樣用手使其旋轉。你會發現，著地點的位置始終處於一個移動劃圈狀態。但是，在移動的過程中，螺釘陀螺一旦發生了傾斜，觸地點稍微移動一下，陀螺就又會直立旋轉起來。

由此看來，陀螺是圓頭比較好一點，可以轉動的時間更長。那麼，你知道其中的原因是什麼嗎？

### 答案

原來，尖頭陀螺的頭是尖的，所以，陀螺的著地點總是固定在這一點上。所以，當陀螺軸略有傾斜的時候，陀螺就會產生振動，而且不能透過移動著地點的位置來使自己直立並旋轉起來。因此，當陀螺本身隨著轉動的加大而越來越傾斜的時候，最終就會觸地，停止旋轉。

但是，當圓頭陀螺旋轉的時候，由於著地點在不斷地移

## Part 6　力與運動的「較量」：旋轉跳躍不停歇

動，從而使它在旋轉中不斷地直立起來，保持直立轉動，所以圓頭陀螺才旋轉得更穩定、更持久。

## 往前跌落的氣球

我們坐在公車上，如果遇到了緊急煞車，我們每個人都會身體前傾，甚至摔倒。這就是慣性的作用。現在，我們只用一個簡單的玩具車和一個小氣球，來看一下慣性是怎樣發生作用的。

找一輛能拉動的玩具車，拿著一個吹好的小氣球，將它放在玩具車的上面。用細繩的一端綁在玩具小車上，並在小車前面的一段距離處設定一個比較矮的障礙（矮於小車的整車高度就可以）。然後，你快速地拉著細繩，讓小車往前行駛。當小車撞在障礙物上後，就會停止下來，而你卻看到車上的氣球卻不會停止下來，依然會按照原先的車速往前面衝去，直到它從車上跌落下來。這就是慣性的作用了。

不過，你能說說看，慣性到底是怎麼一回事嗎？

**答案** ●●●●●●●●●●●●●●●●●●●●●●●●●●●●●●●●●●●●

在這個實驗中，玩具車上的氣球在隨著玩具車行駛，當車子遇到障礙後，就會停止下來，而上面的氣球卻因為沒有障礙

（障礙物高度比較矮）的阻攔，依然會保持原來的車速往前行進，這就是慣性。慣性是物體的一種固有屬性，表現為物體對其運動狀態變化的一種阻抗程度，質量是對其物體慣性大小的量度。

其實不止氣球是這樣，任何運動著的物體，在無障礙的情況下，總是保持著向前運動的趨勢。直到遇到摩擦力或阻礙，才會停止下來。

## 拔河比賽只是在比力氣嗎

又到了一年一度的春季運動會了，S 國小展開了激烈的拔河比賽。這一次，四年 (3) 班很不幸地抽到了四年 (2) 班，這意味著兩個班要進行拔河比賽。為什麼說四年 (3) 班很不幸呢？因為四年 (3) 班的男生是四年 (2) 班男生的一半，人員力量不足。因此，一抽完籤，四年 (3) 班的學生們就唉聲嘆氣的，覺得自己班這次肯定輸了。

班導王老師看到大家的神態後，就問大家：「同學們，你們是不是覺得我們這次拔河比賽輸定了啊？」

「肯定是啊！」

「這不是很明顯嗎？老師。」

## Part 6　力與運動的「較量」：旋轉跳躍不停歇

「四年 (2) 班的男生那麼多，力氣那麼大，我們班怎麼比得過？」

……

王老師站在講臺上，看著同學們在四處議論著，就大聲說道：「讓我說，我們班這次未必就輸！為什麼我會這樣說呢？因為同學們可以想一想，拔河比賽真的就是在比力氣大小嗎？」

聽到王老師這樣問，大家都面面相覷，神情都是一副「難道不是嗎？老師你是不是在開玩笑？」的樣子。王老師看著同學們說道：「只要你們按照我說的做，我們就一定能贏得比賽。」

說完，王老師就開始排兵布陣了：前排和後排都安排了班級中體重最大的幾名同學，還告訴了每個同學應該如何站位。同時，王老師還留下了一個任務，要求拔河比賽那天，每個學生都穿上登山專用的防滑能力特別強的鞋子，並帶上防滑手套。

雖然同學們都充滿疑問，但還是按照王老師的要求做了。到了拔河比賽那天，果然沒有出乎王老師的意料，四年 (3) 班取得了勝利！同學們在歡呼雀躍的同時，紛紛詢問王老師其中的「祕訣」。王老師就告訴了同學們，同學們這才知道，原來拔河比賽真的不只是在比力氣。請問，你們知道四年 (3) 班勝利的祕訣是什麼嗎？

## 答案

　　很多人都認為拔河比賽是單純的比力氣的大小，其實不然。根據牛頓第三定律可以得知，當物體甲給物體乙一個作用力的時候，物體乙必然同時給物體甲一個反作用力，其中，作用力與反作用力的大小是相等的，只不過方向相反，且在同一條直線上。對於拔河比賽的兩個隊，一方對另一方施加了多大的拉力，另一方對這一方就同時會產生一個一樣大小的拉力。可見，雙方之間的拉力並不是決定勝負的因素。

　　這是因為只要所受的拉力小於與地面的最大靜摩擦力了，就不會被拉動。因此，王老師的方法就是想辦法增大同學們與地面的摩擦力，這才是勝負的關鍵與祕訣所在。所以，王老師才要求同學們穿上防滑鞋，因為防滑鞋的鞋底有凹凸不平的花紋，能夠增大摩擦係數，使摩擦力增大；而且，戴上防滑手套後，與繩子之間也有了摩擦力，不容易讓繩子滑落。

　　再就是一點，隊員的體重越重，對地面的壓力越大，摩擦力也會增大。所以，王老師才要求體重大的同學守住首尾兩頭，為的就是穩定隊伍。另外，在拔河比賽中，當人們用腳使勁蹬地的時候，在短時間內可以對地面產生超過自己體重的壓力。再如，人向後仰，藉助對方的拉力也可以增大對地面的壓力。所以，拔河比賽真的不只是在比力氣大小，而是有很多決定因素的。

# Part 6　力與運動的「較量」：旋轉跳躍不停歇

# Part 7
# 「調皮」的聲音：
# 玩轉聲音的奇妙遊戲

　　人的聲音有高亢、低沉、溫潤的差別，動物的叫聲有「咕咕」、「啾啾」、「呱呱」的不同，自然界的聲音有「嗖嗖」、「噼啪」、「咔嚓」的分別。儘管這些聲音都不一樣，但是它們卻是世界上獨一無二的音符，組合成了最美的樂章。那麼，這些不同的聲音是如何發出來的？聲音是如何傳播的？為什麼有的聲音悅耳動聽，有的卻尖銳刺耳呢？不要著急，跟隨著本章的步伐，讓我們去做一些關於聲音的奇妙遊戲，揭開聲音的神祕面紗。

Part 7　「調皮」的聲音：玩轉聲音的奇妙遊戲

## 會聽聲音的骨骼

　　看到這個標題有沒有覺得神奇或恐怖呢？聲音是用耳朵聽的，怎麼能用骨骼聽呢？實在是太匪夷所思了吧？那就讓我們先來做個小實驗吧，看看骨骼是怎麼聽見聲音的。

　　現在，請你找兩小團棉花，把自己的耳朵塞住，然後用手指甲輕輕刮觸桌子。你會發現，這個時候，耳朵是很難聽見刮劃聲的。如果你在堵住耳朵的情況下，用你的手指甲去刮觸你自己的牙齒，即使是非常輕的動作，你也一定會聽到很響的磕碰聲。你知道這是怎麼回事嗎？

　　做完這個實驗後，再做一個。同樣是用兩個棉花球塞住耳朵。取來一根音叉，用橡皮錘敲擊多次，使音叉振動，但要讓它的振動聲很輕，輕到你的耳朵並不能聽見聲音。然後，你再將音叉柄的末端分別抵住你的額頭骨、頭蓋骨和顴骨，你再感受一下，你就會清楚地聽到音叉的震動聲。一旦音叉脫離接觸，聲音馬上就消失了。這又是怎麼一回事呢？

**答案** ●●●●●●●●●●●●●●●●●●●●●●●●●●●●●●●●●●●●●●

　　這兩個實驗都和聲音的傳播有關。

　　在第一個實驗中，你之所以能聽到手指刮牙齒的巨大的聲音，是因為這聲音並不是從耳朵裡傳入的。平時我們耳朵所聽

到的聲音，是物體振動引起空氣振動，振動的空氣又震動了我們耳朵的鼓膜，透過耳蝸傳到聽覺神經，最後被大腦感知。除了耳朵的聽覺系統外，我們的骨骼也與聽覺神經相通。在剛才的小實驗中，手指甲與牙齒刮觸的振動，是從牙齒經由頜骨傳給聽覺神經的。

骨骼能聽到聲音，就是因為這樣的原理，由聽覺神經直接讓我們聽到了聲音。

## 金屬罐傳音

不需要藉助電話，用兩個金屬罐和一根細繩就能和同伴們說悄悄話了。不相信？那就一起來實驗一下吧。

找兩個金屬罐子，在底部各鑽一個小孔，這個小孔的大小最好在能讓細繩穿過的前提下越小越好。然後，取過細繩，穿過底部的小孔，將兩個金屬罐連線在一起。注意，要在細繩的兩端分別打上死結，而且這個結要大於孔眼，以免細繩被拉出罐外。至於細繩的長度，則取決於你和朋友之間的位置的距離。

製作完成後，你就可以和你的朋友一人拿一個金屬罐，拉直細繩就可以進行對話了。但是，在講話的時候要注意靠近金屬罐，而且，細繩不能碰到別的東西，否則聲音可能傳播到別

## Part 7 「調皮」的聲音：玩轉聲音的奇妙遊戲

的地方去，影響你聽到的效果。

在和你的朋友用自製的金屬罐說話的同時，你也要想想，這其中是什麼原理。為什麼你們能聽到對方說話呢？哪怕你們隔了幾個房間的距離，依然聽得很清楚？

**答案**

這是因為聲音在固體中的傳播速度很快。聲音在不同的介質中，傳播的速度不同，因而產生了聲音的反射與折射現象。當你對這金屬罐講話的時候，聲音經由金屬罐傳遞到細繩上去。如果不信的話，可以在說話的時候，觸摸一下細繩，你就會發現細繩有輕微的振動。由於聲音傳到了細繩上，會沿著細繩朝前傳播，最後到達另一端的鐵罐，於是，聲音就傳到了你朋友的耳朵裡。

## 自製笛子

笛子，人人都見過，可是，你知道笛子是靠什麼能演奏出悅耳動聽的音樂的嗎？有人說是笛子上的那幾個小孔，那麼，那幾個小孔是隨意挖的嗎？下面，就由這個小製作來告訴你笛子出聲的原理吧！

## 自製笛子

先找來一根光滑的竹管（也可以用塑膠管來代替），並測量出竹管的內徑；然後，將一個小小的軟木塞打磨成適合竹管內徑的大小，能夠剛剛塞住竹管就可以；接著，用手鑽在竹管的一側鑽出一個小圓孔，並用砂紙打磨一下；在離這個圓孔較近的一端塞入軟木塞，與圓孔齊平，但是軟木塞不能堵塞圓孔。

如果軟木塞與竹管之間還存有縫隙的話，就很容易漏氣，所以，可以拿著膠水從管口滴入，封死縫隙。做好後，你可以試著吹奏一下，確定不會發生漏氣後，就以這個孔作為笛子的吹孔，以此為標準來確定音準。確定好後，就繼續在竹管上沿直線依次鑽孔，每鑽一孔，都可以在吹孔中試音，確定笛音是否準確。如果小孔的大小不合適的話，你可以一面試吹，一面用砂紙或者圓銼打磨、矯正孔洞，直到正確為止。除去吹孔外，笛子上應該鑽有 6 個孔。

等你打好孔後，笛子就做好了。在吹奏笛子時，可以鬆開、按住笛孔的不同手指，演奏出不同的音階。吹奏出奇妙無窮的笛音。那麼，請問笛子為什麼會發聲呢？

### 答案

笛子是利用空氣的振動來發聲的。因為上面有很多小孔，當你按住某個孔吹笛子的時候，空氣就開始流動，與空氣柱產生共鳴，產生聲音。

Part 7　「調皮」的聲音：玩轉聲音的奇妙遊戲

## 用眼睛看到的聲音

人們只會說「聽聲音」，你見過有人「看聲音」的嗎？換言之，聲音能夠被肉眼看見嗎？這個雖然說有點困難，但是也不是不可以，只不過我們需要配合一些簡單的材料來自製一個「光線示波器」，用它來顯示出聲音的振動，讓我們「看到」聲音。

準備好以下東西：一個空易開罐、一個氣球、一把剪刀、橡皮筋、繩子、膠水、手電筒、一個比指甲蓋稍大些的鏡片。然後就開始做實驗吧！

首先，你需要剪去易開罐的底部和上部，使它成為兩頭透亮的一個空筒。然後，找一個氣球，剪去它的頸部，將其蒙在易開罐的一端，並用力抓住氣球的邊，將它繃緊，然後再用橡皮圈把它緊緊繃住，就像鼓面一樣。

其次，把那個小鏡片用膠水黏住，貼在緊繃的氣球鼓面上，使鏡面向外。

再次，開啟手電筒，照在鏡子上，你會看到一個光點從鏡面反射到了牆上。如果牆上的光點不夠清晰的話，可以用一張硬白紙當螢幕。

最後，把鐵罐放在桌子上，用書本等物品作為支撐將其固定住，並調整好手電筒、鏡面與光點的合適角度。然後，你在鐵罐的另一端大喊或唱歌，同時觀看牆上的光點。如果不出意

外的話，你會看到牆面上的光點晃動了起來，這就是聲音在「跳舞」了！

那麼，你知道聲音被看到的原理是什麼嗎？

## 答案

聲音是因為物體的振動而產生的。當你對著易開罐唱歌時，從你的肺裡就會出來空氣，促使聲帶振動，產生了壓力波，也叫聲波。這個聲波就像水中的漣漪一樣，撞擊到了前方的氣球膜上，使氣球膜也隨之振動了。這個時候，正好有光在上面，所以，氣球膜的振動促使上面的小鏡子反射出來的光也跟著動了起來，投射到牆壁上，你就藉著光看到了聲音的樣子。

## 聲音跑到哪裡去了

我們的周圍有各式各樣的聲音，而這些聲音也很奇怪，它們有時候遠，有時候近，有時候大，有時候小。有時候用一種東西發出來的聲音，卻會產生不一樣的聲音效果。難道聲音也會自己變化嗎？這個實驗將告訴你們答案。

找來兩張硬紙和一本書，還有一支能發出「嘀嗒」聲音的手錶。然後，把兩張硬紙分別捲成兩個紙筒，把紙筒橫放在桌面

Part 7　「調皮」的聲音：玩轉聲音的奇妙遊戲

上。接著，你把手錶放在其中一個紙筒的一個開口處，把耳朵放在另一個紙筒的一個開口處。你聽聽看，看能不能聽到手錶的「嘀嗒」聲呢？是不是什麼都聽不到？如果是的話，你可以在另一個紙筒的開口連線處放一本書，這個時候再聽聽看，是不是能聽到手錶清楚的「嘀嗒」聲呢？

請問，為什麼在紙筒的一端放上一本書後就能聽到手錶的「嘀嗒」聲了呢？

### 答案

眾所周知，聲音以波的形式在空氣中傳播。實驗中的紙筒前方如果沒有放書的話，聲波就從紙筒中傳出去了，不會反射回來，因而我們聽不到手錶細微的「嘀嗒」聲。但是，當我們在紙筒的一端放上一本書的時候，聲波就會被書反射回來，因此，我們就聽到了聲音，而且還覺得這個聲音比較大。

## 嘴型的變化會影響聲音

當你張口說話的時候，用手去觸摸你的喉嚨，你會發現喉部的肌肉正在辛勤地工作著。

但是，同樣是用喉嚨發聲，每個人發出來的聲音都不一

## 嘴型的變化會影響聲音

樣。不相信的話,我們可以玩個小遊戲。

首先,你嘗試發一下英文字母「A」的音,你發現你得把軟顎的位置放得很低,使你的咽部成拱狀。如果你把舌頭抬了起來,向上顎靠近的話,氣流的出口就關小了,你發出來的就是國語中的「衣」字的音了。等到你把嘴唇撅起來,你發出的便是「玉」的音了。

然而,為什麼咽喉運動的位置不一樣,發出的音就不一樣呢?

### 答案

之所以會有上述不同,是因為聲音是透過「喉—咽—口腔」這三個部位協同作用下產生的,它們共同發揮共鳴腔的作用。而每個人的共鳴腔的形狀都不一樣,肌肉數目也不一樣,共鳴腔變形的程度也不同,因此每個人的音色都是獨一無二的。

咽喉發聲時產生的變化就像身處在一個拱形的建築物中間一樣,身處在不一樣的位置,聽到的聲音就不一樣。這是因為聲音的傳播很有意思,不僅能直線傳播,也可以在牆壁和天花板上反彈後再傳播。而聲音經過反彈後再傳出來也會根據遠近距離的不同,產生不一樣的共鳴。所以,當你半張著嘴和大張著嘴或是不張嘴,由於嘴形不同,舌頭與上顎形成的拱形高度也不一樣,運動的肌肉數目不同,聲音的傳播和共鳴自然不一樣,發出的聲音也就不一樣了。

Part 7　「調皮」的聲音：玩轉聲音的奇妙遊戲

## 恐怖的聲音

在可樂剛被發明的時候，人們因為不了解可樂，在喝可樂的時候還鬧了很多笑話呢！

有一次，有一個人第一次買可樂喝，很不捨得喝，於是就慢慢地喝。當他喝了還剩下四分之一的時候，他就擰好蓋子，將可樂放在腳踏車車筐中，計劃等一下回到家再喝。由於這個人回家的路比較顛簸，所以他就看見車筐中的可樂被顛了幾次後，瓶中就多了很多泡泡，而且這些泡泡漸漸都上升到飲料的表面。等走到平路後，這些泡泡就逐漸消失了。然而，當他又走在顛簸的路上時，瓶中又起來了很多泡泡，只不過比第一次的泡泡少了很多。如此反覆了幾次，這個人發現瓶子中的泡泡越來越少。

終於，這個人到家了，而瓶子中也不怎麼有泡泡了。於是，這個人就擰開了瓶蓋，計劃暢飲一番。結果，剛擰開蓋子，這個人就聽到了一陣「嘶嘶」的聲音，就像蛇出動似的。這個人頓時嚇了一跳，但他又沒看到周圍有蛇，這才放下心來。等這個人拿著可樂瓶子靠近喝的時候，才發現「嘶嘶」聲原來是從可樂瓶中發出來的，而且，瓶中再度形成了許多泡泡。這個人頓時摸不著頭緒，不知道可樂瓶中為何會發出蛇一樣的聲音。

請問，你能告訴他可樂瓶中的「嘶嘶」聲是怎麼出現的嗎？

**答案** ●●●●●●●●●●●●●●●●●●●●●●●●●●●●●●●●●●●●

　　這是因為可樂飲料中含有大量的二氧化碳氣體。當這個人的可樂瓶在車筐中被搖動時，瓶子中的二氧化碳氣體分子就聚集在一起，形成了看得見的泡泡。這些泡泡破裂後，二氧化碳氣體則聚集在了飲料的表面。當飲料表面上的氣體聚集較多的時候，飲料表面承受的氣體壓力就較大，泡泡的數量就會逐漸減少了。最後，當這個人打開瓶蓋時，因為瓶內的氣體能擴散到整個瓶內及瓶外的空間中，所以液體上方的壓力就降低了，於是立刻形成了許多泡泡。而瓶內的氣體因為在快速從瓶口散出來，所以就發出了「嘶嘶」聲。

## 發出兩種不同聲音的鈴鐺

　　樂樂這幾天剛買了一顆鈴鐺，非常喜歡。所以，樂樂每天都搖晃著鈴鐺，聽著「鐺鐺鐺」的聲音，非常開心。不過，玩了幾天後，樂樂發現鈴鐺只會發出這一種聲音，就覺得有些乏味了，於是就將鈴鐺扔在了一旁，不玩了。爺爺看見後，就問樂樂為什麼不玩鈴鐺了。樂樂就說出了自己的苦惱。誰知，爺爺聽後卻說：「誰說鈴鐺只能發出一種聲音的？我這就來教妳讓它發出不同的聲音。」

## Part 7 「調皮」的聲音：玩轉聲音的奇妙遊戲

說完，爺爺就讓樂樂拿來了那顆「被拋棄」的鈴鐺，並讓樂樂找來一根表面光滑的木棍。就這樣，實驗開始了！

首先，爺爺讓樂樂以正常的方式去搖晃鈴鐺，他們都聽到鈴鐺發出了一種清脆的聲音。接著，爺爺讓樂樂用右手握住鈴鐺的搖桿，把鈴鐺朝下，左手拿著一根木棍，緊貼著鈴鐺的底端沿著周邊做持續平衡的圓周運動。這時，樂樂就聽到鈴鐺發出了一種與以往不一樣的聲音，不再是「鐺鐺」的聲音，而是「嗡嗡」的聲音！

樂樂瞬間覺得小小的鈴鐺怎麼能這麼神奇呢？竟然能同時發出兩種聲音！爺爺告訴樂樂，鈴鐺能發出很多聲音，就看他怎麼開發了。聽了教誨的樂樂於是又去開發鈴鐺的其他聲音去了。

你能說出來鈴鐺為什麼能同時發出兩種聲音嗎？

### 答案

在這個遊戲中，樂樂先是搖動了鈴鐺，使鈴鐺受到了撞擊，所以產生了振動，鈴鐺就會響起來。鈴鐺之所以能發出兩種聲音，就是因為鈴鐺發生了兩種振動。

當搖動鈴鐺時，鈴舌很重地敲在鈴鐺壁上，產生了一種尖銳、單一的撞擊，這使得鈴鐺發出一種清脆的「鐺鐺」的聲音。但是，當木棍緊貼著鈴鐺的底端做圓周運動時，會對鈴鐺產生了許多細小的撞擊，而這種細小的撞擊聲音每秒鐘會振動很多

次,就使得鈴鐺發出了另外一種「嗡嗡」的聲音。而木棍剛離開鈴鐺時,這種振動還存在,再加上樂樂的搖晃,所以就產生了兩種振動,鈴鐺才會有兩種不同的聲音。

# 真空中聲音能傳播嗎

2014 年科幻電影《星際效應》上映,越來越多的人開始對太空感興趣。大家在觀看這部電影的時候,發現電影中經常會出現什麼聲音都沒有的畫面,而且一般都是主角在太空中漂流的時候。一開始,還有人以為這是電影的故意設定,其實,這是電影在充分寫實。寫實什麼呢?就是聲音在太空中是不能傳播的。也就是說,太空中是沒有聲音的。我們可以做個實驗證明一下。

找兩個鐵筒,然後用膠塞塞緊筒口,使鐵筒不漏氣就可以了。然後,在每個膠塞的下面綁一顆小鈴鐺,小鈴鐺放入鐵筒內。搖動鐵筒,你會聽到這兩個鐵筒中都發出了悅耳的鈴鐺聲。這時,你可以取下其中一個鐵筒的膠塞,向筒中注入少量的水,並把鐵筒放在支架上加熱,使筒中的水完全沸騰。等大部分的空氣排出鐵筒後,迅速地塞緊膠塞,再把鐵筒放入冷水中冷卻。做完這些後,你再搖動鐵筒,就完全聽不到鈴聲了。

## Part 7　「調皮」的聲音：玩轉聲音的奇妙遊戲

但是，當你搖動另一個鐵筒時，卻仍然聽得到鈴聲。

這個遊戲充分證明了在太空中，也就是真空中，我們是聽不到聲音的。請問這是怎麼一回事呢？

**答案** ●●●●●●●●●●●●●●●●●●●●●●●●●●●●●●●●●●●●●●●●●

在這個遊戲中，有水的鐵筒中聽不到聲音，這是因為當它被加熱後，裡面的空氣被排了出來。而後，又把密閉的鐵筒放入冷水中冷卻，這樣，鐵筒裡就形成了真空，因此，再搖動鐵筒就聽不到鈴聲了。

這說明聲音能在空氣中傳播，而在真空中是不能傳播的。這是因為聲音是一種機械波，機械波的傳播是需要介質的，比如空氣、水等。而真空中沒有介質，聲音無法傳播，自然也就沒有聲音的存在了。太空中沒有空氣，是真空狀態，就不能傳播聲音，也就不存在聲音了。

## 水球魔音

如果在氣球內灌滿水，氣球就能做一個傳音者了，它能清晰地替你傳音，聽起來好像水球自己在發出奇怪的聲音一樣。這是一個非常好玩的遊戲，你要來試一試嗎？

準備兩顆氣球、適量的水和兩根細線。然後，先把一顆氣球吹滿氣，用細線把口綁好。接著，將第二顆氣球的吹嘴套進水龍頭中，慢慢地注入自來水。當這顆氣球的大小跟第一顆氣球差不多時，就可以停止注水了，同樣是用細線將口綁好。然後，將這兩顆氣球都放在桌子上，用手指彈叩桌面，並用耳朵貼著兩顆氣球，仔細傾聽手指彈叩桌面的聲音，並比較不同。你會發現，盛水的那顆氣球能夠傳出比較清晰的聲音，而充氣的那顆氣球則沒有多大聲音。你知道這是為什麼嗎？

### 答案

　　要知道，聲音之所以能傳到我們的耳朵中，就是因為我們周圍的空氣受到了聲波的振動。不過，有一顆氣球中雖然裝滿了空氣，但是與裝滿水的氣球相比，空氣中含有更多微細的分子，這些分子和分子之間又相隔著一定的距離，所以聲音的傳播效果沒有那麼好。而水分子之間相隔的距離則要小得多，因此，它們傳送聲波的振動就容易得多。因此，水球聽到的聲音也更加清晰。

Part 7 「調皮」的聲音：玩轉聲音的奇妙遊戲

# 模擬人耳聽到聲音

人耳到底是怎麼聽到聲音的呢？這與前文中提到的用骨骼聽到的聲音有什麼不一樣的地方呢？我們這就來做個實驗，模擬一下人耳聽到聲音的過程，讓你充分了解聲音。

既然要模擬人耳聽聲音，那麼，我們首先應該製作一個模擬人的聽覺過程演示器。需要準備的器材有：裝酒的紙盒一個、50cm×30cm×20cm 的紙箱一個、橡皮膜兩塊、透明膠帶一捲、細繩、平面鏡 2 塊（其中小的一塊平面鏡面積約為 2～4 平方公分，而且較薄，可以用反射效能好的包裝紙）、膠水、手電筒（或聚光燈）、支架一副、20 公分的木棒一根。

製作方法如下：

（1）將裝酒的紙盒擷取成 5～8 公分的兩段，然後將每段的一端都用膠水和橡皮膜進行密封。

（2）在 50cm×30cm×20cm 的紙箱上較長的兩端，也就是靠近底部的前方，對應地開兩個和裝酒的紙盒截面相同大小的方孔。然後，把上面兩個黏了橡皮膜的裝酒的紙盒放入紙箱的兩孔中，記住開口向外，橡皮膜向內，外部與紙箱的外面平齊，內部用膠水固定住紙盒。

（3）用針在兩個橡皮膜的中間穿上兩條細線，並一起拉緊將其固定，正中用一根細棒將兩條細線分開，然後用膠水將反射

效能好的 2～4 平方公分大小的包裝紙固定在細棒和細線上，讓反射面向著正上方。

（4）在紙箱的外面用厚紙做成人耳形，用膠水固定在紙箱上（如下圖所示）。

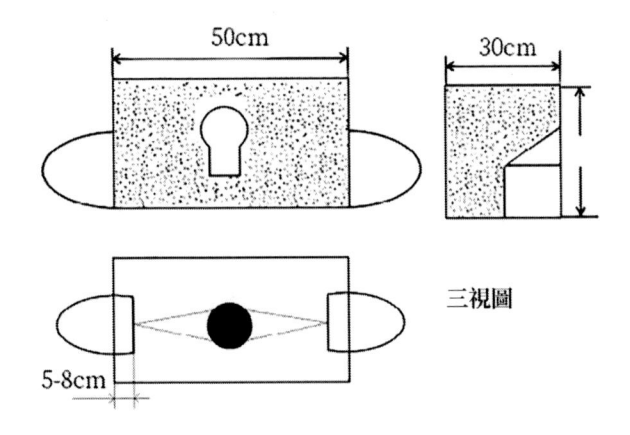

做好人耳模擬器之後，就應該來試驗下人耳聽聲音的過程了。我們可以用一個支架將手電筒（或聚光燈）固定住，讓它們發的光正好以一定的傾角射向反射面上，讓反射光投射進紙箱的內表面。然後，用電鈴（或其他的發聲體）在紙箱外面的不同位置發聲，觀察紙箱內的光斑的振動情況。接著，依然像剛才那樣，用木棒將發聲體和紙盒都接觸一下，再次觀察光斑的振動情況。

根據你從這個實驗中看到的光斑的振動情況，來總結一下人耳是如何聽到聲音的。

Part 7  「調皮」的聲音：玩轉聲音的奇妙遊戲

## 答案

　　在這個實驗中，電鈴發聲模擬的就是透過空氣的傳播進入人耳時的聲音，而用木棒將發聲體和紙盒接觸模擬的則是人體的骨骼在聽到聲音後的情況。

　　這兩種都是聲音進入人耳的方式，也就是說，聲音是透過空氣和人體兩個方面一起進入耳朵中，並被大腦感知出來的。

　　我們看耳朵的結構，可以將其分為外耳、中耳和內耳三個部分。其中，外耳包括耳廓、外耳聲道，而耳廓就像個喇叭一樣，可以把周圍的聲音集中到外耳聲道中，然後再傳到鼓膜，激發鼓膜的振動。中耳中有三塊聽骨，這三塊骨頭連線鼓膜和耳蝸，並產生槓桿作用，可以使鼓膜上的微小振動放大 10～18 倍傳入內耳中。內耳中有一個接收器，即耳蝸。耳蝸中充滿了透明的液體，同時還有一簇細纖毛，上面有大量感覺靈敏的毛細胞，並與腦神經細胞相連。

　　人耳能聽到聲音則需要以下的過程：當周圍聲音的聲波透過外耳道進入人耳後，先引起了鼓膜的振動，鼓膜帶動了聽小骨振動，並把振動傳給了耳蝸。耳蝸中的神經末梢透過聽覺神經把聲音資訊傳給大腦，人就能感知到聲音。

## 杯子瓶子的交響樂

音樂會可不是非得有大提琴、小號等樂器才能演奏得出來。現在給你幾個杯子、瓶子，你依然能開一場別開生面的音樂會！不相信？那大家就來做個實驗。

找來三個空的大可樂瓶和三個空玻璃杯就可以了。啊，差點忘了，還要有一雙筷子做指揮棒。然後，向三個可樂瓶中分別注入高、中、低三種不同水位的水，然後對著瓶口吹一口氣。你會發現，因為水位的不同，吹出去的這口氣發出的聲音高低也是不一樣的，通常是水越多，發出的音調越高。

同樣地，向三個杯子裡也倒入高、中、低三種不同水位的水，然後用筷子敲擊杯口，你會聽到有不同高低的聲音。但是，奇怪的是，杯子裡的水越多，發出的聲音卻越低。

當你一邊往可樂瓶中吹氣，一邊敲擊玻璃瓶的時候，你就會聽到高高低低不同的聲音了，就像一場音樂會中出現的各種不一樣的聲音一樣，各具特色。可是，為什麼同樣是高、中、低三種水位，卻因為盛水的容器不同，發出的聲音效果也不一樣呢？

### 答案

在實驗中，因為容器的不同，讓它發出聲音的方式不同，所以產生的音調高低也不同。

## Part 7　「調皮」的聲音：玩轉聲音的奇妙遊戲

　　這是因為當你往大可樂瓶中吹氣的時候，你聽到的聲音其實是由於水面上方的空氣產生的共鳴引起的。所以，當瓶中的空氣空間大時（即水位低時），就會產生低音共鳴；當空氣占的空間比較小時，就會產生高音共鳴。因此，水越多發出的聲音也就越高。

　　但是，當你用筷子敲擊玻璃杯口時，你聽到的聲音是由於杯子整體振動產生的聲音和杯子裡的空氣產生了共鳴。當杯子裡的水較多時，杯子的整體振動就比較慢，因此音調也就比較低；而當杯子裡的水比較少時，振動的速度加快了，音調自然就提高了。因此，玻璃容器中的水越多，聲音就越低。

# Part 8
# 神奇的化學：
# 物質之間的變化無常

　　當有人說一個生馬鈴薯好吃的時候，你肯定會覺得這個人腦子有問題。有點常識的人都知道，生馬鈴薯怎麼會好吃呢？但若是問你熟馬鈴薯好不好吃的時候，這能說的可就多了.要知道，薯條、洋芋片、馬鈴薯泥等美味的食物可都是不好吃的生馬鈴薯製作出來的啊！那麼，生馬鈴薯不好吃，經過加工後的馬鈴薯為什麼會那麼好吃呢？這就是化學的奧祕。

　　其實，從人類開始用火，到現如今人們所享受的一切人造物質的生活，都是因為化學的神奇魔力起的作用。這是因為世界是由物質組成的，而化學能夠幫助人們認識和改造物質，甚至創造出新的物質，來服務我們的生活。所以，研究一下神奇的化學，看看物質之間是如何進行無常的變化的是非常有趣的事情。

## Part 8　神奇的化學：物質之間的變化無常

## 製作鐘乳石和石筍

　　叮叮在連假期間和爸爸媽媽出國去中國廣西桂林遊玩。在那裡，他們不僅遊覽了有著「桂林山水甲天下」美稱的桂林山水，還去遊覽了有著「第一洞天」之稱的七星岩洞。在洞裡，叮叮看到了很多在其他山洞中不曾見過的美景：古榕迎賓、邊寨風光、石林幽境、孔雀開屏……更為神奇的是，洞內的處處景緻都是由鐘乳石、石筍、石柱等石頭構成的，卻形成了一幅幅變幻莫測、玄妙無窮的絢麗畫卷。

　　好奇的叮叮在觀賞美景之餘，還不忘問爸爸問題：「爸爸，七星岩洞裡的石頭為什麼與其他的石頭長得不一樣呢？你看它們一個個長在地上或掛在洞頂，都尖尖的，這是怎麼回事呀？」

　　爸爸就將鐘乳石和石筍的形成過程說了一遍，但是叮叮還是不太明白，爸爸便說：「彆著急。等我們回家了，我帶你一起做個小實驗，教你怎麼製造鐘乳石和石筍。」

　　到了連假最後一天，叮叮和爸爸媽媽一起回到了家。放下行李，也顧不得休息，叮叮就拉著爸爸去做實驗了。

　　在爸爸的指導下，叮叮找來了媽媽做飯用的蘇打、幾個玻璃瓶、毛線、一個小碟子以及一些熱水。然後，叮叮看著爸爸將熱水慢慢地倒進玻璃瓶內，一邊加入蘇打粉一邊攪拌，直到蘇打粉不能再溶解為止。爸爸告訴叮叮，這個時候，因為瓶子

製作鐘乳石和石筍

內的溶液已經無法再溶解更多的蘇打了,所以剩餘的蘇打都沉到了瓶底,這瓶溶液就叫飽和溶液。

準備好後,爸爸就把兩個盛有飽和溶液的玻璃瓶放到了一個溫暖的地方,在兩個玻璃瓶之間放了一個小碟子,同時把幾根毛線的兩端分別放到兩個玻璃瓶裡,中間則懸垂在小碟子上。漸漸地,叮叮就看到蘇打溶液順著毛線滲透下來,然後匯合在中間的部分,溶液滴到碟子裡。

做完這一切後,爸爸就讓叮叮仔細觀察接下來的變化。過了幾天後,叮叮神奇地發現毛線上和小碟子裡形成了微小的固體,形狀和他在七星岩洞中看到的石頭形狀特別類似。爸爸說:「這就是鐘乳石和石筍的雛形了。」

親愛的讀者朋友們,看完這個實驗,你知道鐘乳石和石筍是怎麼形成的嗎?

**答案**

先說叮叮的爸爸做的那個小實驗。毛線上和小碟子內之所以會有鐘乳石和石筍,是因為蘇打水形成的溶液從毛線上滴下來的時候,水分被慢慢蒸發了,蘇打顆粒便留下來形成了硬的沉澱物。假如兩個瓶子多放幾天,就會發現沉澱物最終會在中間聚集起來,形成石柱。

溶洞中的鐘乳石和石筍也都是這樣形成的。廣西、雲南等

177

Part 8　神奇的化學：物質之間的變化無常

地的岩石中含有碳酸鈣，當雨水從溶洞的洞頂和牆壁上慢慢滴下來的時候，由於水中含有二氧化碳，所以會與石頭（主要成分是碳酸鈣）發生反應，生成溶解性較大的碳酸氫鈣。溶有碳酸氫鈣的水遇熱或當壓強突然變小時，溶解在水裡的碳酸氫鈣就會分解，重新生成碳酸鈣沉積下來，經過漫長的累積於是就形成了鐘乳石和石筍。

## 如何讓指紋再現

我們看一些刑偵類的電視劇的時候，發現警察在辦案時必須要做的一個工作就是採集指紋。但是，警察一般都利用高科技精密儀器來採集指紋，這樣能採集到更加清晰的指紋，協助破案。但是，你知道嗎？在我們現實生活中，也可以用一些比較簡單的生活物品來讓指紋重現喲！

在做實驗之前，請先把手洗乾淨。接著，取一張乾淨的、光滑的白紙，將它剪成長約4公分、寬不超過試管直徑的紙條。接著，用手指在紙條上用力按幾個手指印，並暗暗記住你在白紙上留下手指印的部位。然後，準備一些碘酒，將其倒入試管（沒有試管的話，找一個小玻璃杯也可以）中，把裝有碘酒的試管在酒精燈火焰上方稍微加熱一下。同時，把紙條懸於試管中。注意，按有手印的一面千萬不要貼在管壁上！等到試管中

產生了紫色的碘蒸氣後，立即停止加熱，並觀察紙條上的指紋印跡如何。沒過一會兒，你就會看到原本按在紙上的往常無法看見的指印卻漸漸地顯示了出來。到最後，一般會得到幾個十分明顯的棕色指紋。

那你知道你是如何讓不可見的指紋顯現出原形的嗎？

**答案**

在解答這個問題之前，首先來說一下人為什麼會在東西上留下自己的指紋。這是因為每個人的手指上總會分泌一些油脂、礦物油和汗水，就算你洗得再乾淨，也會有這些東西分泌出來。所以，當你用手指往紙上按的時候，指紋上的油脂、礦物油和汗水便留在了紙面上，只不過這些東西都是沒有顏色的，所以人的眼睛是看不出來的。因此，與其說讓指紋顯形，不如說是讓這些油脂顯形。

之所以將隱藏有指紋的紙放在盛有碘酒的試管口上方，是因為碘酒在受熱後會加速酒精的揮發，裡面的碘就開始昇華，變成了紫紅色的蒸氣。而紙上指印中的油脂、礦物油等東西都是有機溶劑，遇到上升的碘蒸氣後會與它結合，讓這些油類形成實體。所以，我們才能看到那些指紋。

Part 8　神奇的化學：物質之間的變化無常

## 看不見的信

衛斯理和明月位於兩個不同的城市，他們之所以能夠成為朋友，是因為他們因信結緣。兩個人都喜歡《小發明》這家報社，都經常寫信給報社。後來，二人在報紙上的交友欄目中相識，就開始了長達兩年多的筆友生活。

在這兩年中，衛斯理和明月一有什麼不懂的問題，或者是創新電子、小發明之類的，都會寫信告訴對方。這不，明月又剛收到了衛斯理的一封信，這次衛斯理又有什麼新發明呢？

當明月滿心歡喜地開啟信封後，發現裡面只有薄薄的一張信紙，但是奇怪的是，信紙上一片空白，什麼字都沒有！明月知道，衛斯理是不可能無緣無故地寄一封空白信的，那麼，祕密很有可能就在這封空白的信紙上。你有什麼好的辦法嗎？

### 答案

這封信顯然是一封特殊方法寫成的密信，明月需要從信紙的細節和痕跡上發現問題，知道衛斯理是使用了何種方式寫的這封信，她才能知道用什麼方法破解這封信。我們就來說一下「密信」的幾種寫作方法。

首先，從信紙的痕跡來看。有一種密信雖然什麼字都沒有，但是上面卻有字的印跡，所以，你可以找一根鉛筆，順著

紙上的痕跡刷一遍，字跡就會清楚地顯現出來了。

其次，從筆的種類來看。如果是使用原子筆寫的字。在寫密信時，你可以先把一張紙放在水裡浸溼，然後把另一張紙放在溼紙的上面，再用原子筆在乾紙上寫上你要傳達的密信的內容。這時，寫的字就會印到下面的溼紙上。等到溼紙乾了以後，字就消失了。要想看到這封信，你就需要把這張寫有祕密訊息的紙浸到水中，你會發現紙上的字跡又可以看到了。這是因為用原子筆寫字時通常比較用力，因而就壓縮了溼紙的纖維。當浸溼過的紙乾燥後，寫過字的地方變得平整了，所以人是看不到字的。但是，被壓縮的纖維並沒有復原，所以，只需要把紙浸溼，寫過字的地方被壓縮的纖維復原，顯現出被壓縮的痕跡，字跡就又顯示出來了。

如果是用鋼筆寫信的話，可以用鋼筆蘸著檸檬汁、牛奶去寫。在寫的時候，你可以在紙的左側放一盞燈，從右側看你寫的字，會感到好寫一些。等墨水乾了，字跡就消失了。讀信時，只要把那張紙拿到蠟燭火焰上烘一下，就能看到你寫的字了。這是因為在加熱時，墨水中的某些無色物質與空氣裡氧化反應，生成了深褐色的新物質，所以自己就顯現了出來。

Part 8　神奇的化學：物質之間的變化無常

## 水的淨化劑

有時候打開水龍頭，你會發現出來的自來水非常渾濁。這是不是讓你很頭痛，不知道該如何是好？沒關係，這個時候，我們就可以請明礬來幫個忙。要知道，它可是極佳的淨化劑呢！

使用明礬來淨水的方法很簡單，只需要把明礬碾成粉末，放到你接好的水盆中攪拌幾下。過一些時候，你就會發現，原來渾濁不清的水，已經變得十分清澈透明了。那麼，你知道明礬為什麼能作水的淨化劑嗎？

**答案**

在解答這個問題之前，先來了解一下水為什麼會變得渾濁不清。這主要是因為水中有許多泥沙等污物在遊蕩。那些顆粒比較大的泥沙，一般都沉澱了下來，所以留下來的就是顆粒很小、不怎麼能用肉眼看見的雜質。這個時候就需要使用明礬了。

明礬是一種水溶性呈酸性的物質，由硫酸鉀和硫酸鋁混合組成。當明礬融水後，它可以電離出兩種金屬離子，而其中的一種鋁金屬離子可以生成氫氧化鋁膠體。膠體粒子有一個奇怪的愛好，它時常喜歡從水中吸附某一種離子來到自己的身邊，或者是自己電離出一些離子，使自己變成一個帶電荷的粒子。這種氫氧化鋁就是一種膠體粒子，帶有正電荷，吸附能力很

強。它一碰上帶負電荷的泥沙膠粒,彼此就中和了。失去了電荷的膠粒,很快就會凝結在一起,粒子越結越大,終於沉入水底。這樣一來水就變得清澈乾淨了。

不過,要注意的是,由於明礬中含有的鋁對人體有害,長期飲用明礬淨化的水可能會引起阿茲海默症,所以,現在已經很少有人還使用明礬作淨水劑了。

## 失蹤的髮絲

因為歡歡很喜歡白色的運動鞋,所以媽媽給她買了漂白劑,讓她刷鞋子用。

有一次,歡歡剛洗完頭,看見了自己的髒鞋子,於是又拿出漂白劑,計劃將鞋子漂白一下。在漂白的過程中,歡歡不小心沾了一點到頭髮上,她就發現頭髮變白了。歡歡看到後,心想:這樣我豈不是可以讓頭髮消失?

想到就去做,歡歡立即找來了一個空的、乾淨的飲料瓶,在裡面放入了20根左右的髮絲(梳頭髮、洗頭髮掉下來的即可,不用刻意去拔),再倒入1/4左右的漂白劑。用木棒按住髮絲,讓髮絲完全浸在漂白劑中,放置30分鐘左右。歡歡去觀察飲料瓶,就看到瓶子裡的漂白劑表面產生了泡沫,同時髮絲

上也可以看到很多小泡泡,而且還有一些髮絲已經被溶化了。等再過一段時間她去看的時候,瓶子裡的髮絲沒有了,消失不見了。

為什麼沾一點漂白劑到頭髮上會讓頭髮變白,而用漂白劑浸泡則會讓頭髮消失呢?

**答案**

原來,漂白劑是一種鹼性的物質,而人的頭髮是酸性的。當酸鹼相遇的時候,它們就發生了化學反應,即「中和反應」。中和反應在我們日常生活中被廣泛利用。比如說,被蜜蜂蜇傷時,可以塗一些氨水。這是因為蜂針中的刺激性物質是酸性的,所以為防止皮膚紅腫而塗上鹼性的氨水來進行中和。

## 自製紙張

現如今,紙是我們生活中最常見的物品之一了,可以用來寫字、擦東西,非常有利於人們的生活。但是,紙張浪費也成了比較嚴重的一個問題。所以,各國才提倡保護環境、節約用紙。那麼,為了更好地貫徹節約用紙的理念,我們可以將平常不用的廢紙收集起來,自製紙張,這樣一來,既能廢物利用,

還節省了錢財，一舉兩得。

不過，要怎麼自製紙張呢？很簡單，你先找來一把剪刀、鋁箔、一枝鉛筆、舊報紙、一個帶有蓋子的大廣口瓶、熱水、一把木頭勺子、一個烘烤用的金屬盤子和三勺玉米澱粉。然後，你將那些鋁箔剪成三塊邊長為 15 公分的鋁箔方片，並用鉛筆尖在鋁箔方片上以 1 公分為間距地戳幾列小孔。

做好後，你再把報紙剪成或撕成碎片，大概需要半瓶子的碎紙片。將這些碎紙片放進廣口瓶中，再往瓶子裡面倒大約 3/4 的熱水，蓋上瓶蓋，然後把這瓶紙和水的混合物放置 3 個小時左右。

等到瓶裡的紙糊已經變得黏稠後，把它倒進一個金屬盤子裡；同時，找一些玉米澱粉，溶解在一小杯熱水中，再把溶液倒進紙糊中，將這些東西都攪拌均勻。

做好後，來到室外，將一塊鋁箔方片浸入紙糊中，直到鋁箔被完全浸沒後，再從紙糊中取出鋁箔，把它平放在一塊平板或者乾淨的桌面上；將黏在鋁箔上的紙糊壓平，擠出紙糊裡的水；而後，把報紙鋪在一個陽光充足的地方，把帶有紙糊的鋁箔放在報紙上；繼續擠壓鋁箔上的紙糊，擠出裡面的水，等待陽光將鋁箔上的紙糊晒乾。

大約 3 個小時後，你就可以把晒乾的紙從鋁箔上取下來了。然後，你把紙剪成規則的形狀，就可以用水彩筆或者蠟筆在上

Part 8　神奇的化學：物質之間的變化無常

面畫畫了。

看了上述步驟，有沒有覺得自製紙張很簡單呢？那麼，你知道我們為什麼可以自己製作紙張嗎？

**答案**

這主要和紙張的材料有關。紙是由含有纖維素的原材料，如木頭、稻草、亞麻、大麻、棉花等製成的。而纖維素是一種植物性碳水化合物，由大量相互連線著的糖分子構成具有較強的黏連性和延展性。在生產紙張的過程中，人們先用像碎木塊這樣的原材料製造出一種由水和纖維構成的黏稠混合物──紙漿，然後把一層層薄紙漿鋪在濾網上，晾乾。最後，將乾紙漿壓成一張張的紙。

## 惹人哭泣的洋蔥

很多人在剝洋蔥的時候很容易淚流滿面，想必也有很多人因此而大聲抱怨過。此外，一些比較敏感的人，在處理類似於韭菜、蔥之類的具有刺激性的蔬菜時，也會有這樣不愉快的經歷。所以，網路上有許多文章教大家怎麼剝洋蔥。

比如說，在剝洋蔥的時候，不要把鼻子湊得太近，最好伸

長手臂，把洋蔥放在離身體盡量遠的位置；或者是在剝洋蔥之前把它在冷水裡浸一下，並且剝的時候也時不時在冷水裡過一過，這樣有助於降低洋蔥汁液的刺激性；甚至有人說，在剝洋蔥的時候，不用鼻子呼吸，而是用嘴巴來呼吸，這樣就可以防止被洋蔥刺激到了⋯⋯

關於剝洋蔥的方法有多種多樣，有的管用，有的不管用。但是，不論怎麼剝，都說明了洋蔥這類蔬菜的刺激性是非常強大的。那麼，洋蔥等東西為什麼會有這麼大的刺激性呢？

**答案** •••••••••••••••••••••••••••••••••••••••••••

這是因為洋蔥、韭菜與大蒜中都含有一種含硫的胺基酸成分，當我們在用刀切這些東西的時候，這些胺基酸成分就會被一種酶給分解掉，形成一種含硫的氧化物。這種氧化物具有刺激性，而且容易揮發。不過，這種氧化物遇到水時，就會分解成丙醇、硫酸以及硫化氫。我們之所以流眼淚就是因為如此，同時也為了稀釋這些刺激性的物質來保護眼睛。在我們溼潤的鼻腔中存在著液體，我們的鼻子也會覺得刺鼻、發酸、流鼻涕。而我們的嘴中液體比較少，所以用嘴來呼吸的話，這種刺鼻的感覺就會減弱很多。

Part 8　神奇的化學：物質之間的變化無常

# 「黑化」的白糖

　　白糖是白色的小顆粒或粉末狀，猶如白雪一般潔白無瑕。但是，你相信嗎？只需要一步，你就能讓它化身為「黑糖」，彷彿被黑化了一樣。如果你不信，那就請看下面的實驗吧！

　　在一個體積稍大的玻璃杯（或燒杯）中投入5克左右的白糖，並滴入幾滴經過加熱的濃硫酸。注意，在滴濃硫酸的時候一定要小心，以防傷害到自己和他人。頓時，你就看到，雪白的白糖就變成了一堆蓬鬆的「黑雪」，還「嗤嗤」地發熱、冒氣；而且，「黑雪」的體積在不斷增大，甚至溢位了燒杯。

　　雖然這個實驗很有意思，可是你知道白糖「黑化」的奧妙在什麼地方嗎？

**答案**

　　原來白糖和濃硫酸混合到一起後，會發生一種叫做「脫水」的化學反應。這是因為濃硫酸的揮發性特別強，與水結合的慾望特別強烈，它能充分結合空氣中的水分，或者是其他物質中的水分。白糖是一種碳水化合物，是蔗糖的一種（$C_{12}H_{22}O_{11}$），當它遇到濃硫酸時，白糖分子中的水立刻被濃硫酸奪走了，所以，少了水分的白糖就只剩下碳（C）了，才變成了黑色。

　　之所以會發熱，是因為濃硫酸奪水的「戰鬥」是個放熱過

程，所以發出「嗤嗤」的響聲，並為濃硫酸繼續氧化碳的過程提供熱量。之所以會冒氣，則是因為濃硫酸奪過水之後並不滿足，它又開始氧化白糖中剩下的碳，所以生成了二氧化碳氣體跑出來。也正是因為發生反應後所生成的二氧化碳和二氧化硫氣體的跑出，才導致這些白糖變得蓬鬆，體積越來越大，最後變成蓬鬆的「黑雪」。

## 自製焦糖塊

　　很多人吃過焦糖，因為它是一種天然的食物著色劑。雖然焦糖很常見，依然有很多人不了解它，認為它就是由糖烤焦後形成的。事實真的是這樣嗎？我們來做個實驗看一看。

　　準備三湯匙糖、一個平底鍋、一到兩茶匙的牛油、烘烤用的紙張、一把烹飪木勺和適量的水。然後，把準備好的糖和牛油放進平底鍋內，加入適量的水，一邊攪拌，一邊用微火加熱。注意，不要把鍋子裡的東西煮糊，否則做出來的焦糖會變味。等到牛油和糖熔化成一團黃色糊狀體後，把它們倒在鋪好的烘焙紙上。幾分鐘後，你就發現，這團糊狀物變硬了。這時，你可以把它們切成小糖塊，還可以嘗一下味道。這就是我們所說的焦糖了。不過，你知道糖是如何變成焦糖的嗎？

Part 8　神奇的化學：物質之間的變化無常

**答案** ●●●●●●●●●●●●●●●●●●●●●●●●●●●●●●●

　　在這個實驗中，糖之所以成為焦糖，是因為它們發生了化學反應。

　　糖、牛油和水本身都是一種化合物，我們可以透過化學方法對它們進行分解。當糖、牛油和水一起加熱的時候，水就會分解成氫元素和氧元素，而糖和牛油則是由碳元素、氧元素和氫元素以一定的比例和一定的形式構成的。在受熱後，這些化合物在一起就發生了褐變反應，就生成了一種新的化合物，即焦糖。

## 翩翩起舞的小木炭

　　親愛的讀者朋友們，現在給你一根黑木炭，你是不是覺得這根黑木炭沒有什麼神奇的地方呢？如果告訴你黑木炭能跳舞，你相信嗎？下面，我們就自己動手做一個有趣的小實驗，這個實驗的題目叫「小木炭跳舞」。

　　取一支試管，在裡面裝入3～4克的固體硝酸鉀，然後用鐵夾將其直立地固定在鐵架上，並用酒精燈加熱試管；當固體硝酸鉀逐漸熔化後，取出一塊黃豆粒般大小的黑木炭，將其投入試管中，並繼續加熱；沒過一會兒，你就會看到小木炭塊兒

## 翩翩起舞的小木炭

在試管中的液面上突然跳躍了起來，一會兒上下跳動，一會兒自身翻轉，好像一個舞蹈演員在跳舞一樣，並且還發出灼熱的紅光，好看極了！

大家在欣賞完小木炭優美的舞姿後，就來說一說小木炭為什麼能跳舞吧！

**答案**

當我們剛把小木炭放入試管中時，由於試管中的硝酸鉀的溫度較低，還沒能使木炭燃燒起來，所以小木炭就靜止地躺著；當對試管繼續加熱後，由於溫度上升，導致小木炭達到了燃點，與硝酸鉀發生激烈的化學反應，並放出大量的熱量，所以小木炭就立刻燃燒並發光了。

因為硝酸鉀在高溫下會分解，然後放出氧氣，而這個氧氣會與小木炭中的炭發生氧化反應，生成二氧化碳氣體，所以，在二氧化碳氣體的作用下，小木炭一下子就被頂了起來。木炭跳起之後，就和下面的硝酸鉀液體脫離了接觸，化學反應就中斷了，二氧化碳氣體也就不再發生。但是，當小木炭由於受到重力的作用落回到硝酸鉀上面時，又發生了反應，所以小木炭就繼續跳起來。這樣循環往復之後，我們就欣賞到了小木炭不停地上下跳躍的情景。

Part 8　神奇的化學：物質之間的變化無常

## 水下公園奇景

　　齊齊和媽媽在週末一起去公園玩。看到很多人圍在一起觀賞什麼，齊齊就燃起了好奇心，拉著媽媽鑽進人群。齊齊看見一個表演者在一個盛滿無色透明水溶液的大玻璃缸中投入了幾顆冰糖塊大小的不同顏色的小塊，而後，這個人說了一聲「奇蹟的時刻來臨了」，結果，話剛說完，齊齊就看見玻璃缸中竟然出現了各式各樣的枝條！這些枝條縱橫交錯地伸長著，而且，枝條上的綠色的葉子也越來越茂盛，甚至還有很多鮮豔奪目的花兒在競相開放！這實在是太神奇了！

　　沒過一會兒，齊齊就看到了一座枝繁葉茂、五光十色的水下花園。齊齊和圍觀的群眾紛紛喝采，掌聲四起。媽媽看到齊齊這麼喜歡這座水下花園，就跟齊齊說回家也幫齊齊做一個。媽媽解釋了這座水下花園的成因。齊齊聽後，感嘆道：「化學真是偉大又神奇啊！」

　　親愛的讀者朋友們，你們知道建造這座水下公園的祕密嗎？

**答案** ●●●●●●●●●●●●●●●●●●●●●●●●●●●●●●●●

　　很多人都認為玻璃缸中盛的那種無色透明的液體是水，其實不然，那是一種叫做矽酸鈉的水溶液（人們稱為水玻璃）。

而表演者投入玻璃缸中的各種顏色的小塊，則是幾種能溶解於水的有色鹽類的小晶體，它們分別是氯化亞鈷、硫酸銅、硫酸鐵、硫酸亞鐵、硫酸鋅、硫酸鎳等物質。這些小晶體能與矽酸鈉發生化學反應，生成紫色的矽酸亞鈷、藍色的矽酸銅、紅棕色的矽酸鐵、淡綠色的矽酸亞鐵、深綠色的矽酸鎳、白色的矽酸鋅。

當表演者把這些小晶體投入到玻璃缸裡後，它們的表面立刻生成一層不溶解於水的矽酸鹽薄膜，這層帶色的薄膜覆蓋在晶體的表面上。然而，這層薄膜有個非常奇特的脾氣，它只允許水分子通過，而其他的物質分子則被拒之門外。當水分子進入這種薄膜之後，小晶體即被水溶解，在薄膜中生成了濃度很高的鹽溶液，由此產生了很高的壓力，使薄膜鼓起、破裂，而膜內的帶有顏色的鹽溶液就流了出來。而後，又會生成新的薄膜，水又向膜內滲透，薄膜又重新鼓起、破裂……如此循環下去，就形成了齊齊看到的枝葉繁茂的水下花園了。

## 為何牛奶可以解毒

週末的時候，爸爸媽媽有事外出了，家裡只剩下鵬鵬和上幼稚園的妹妹。爸爸媽媽走之前叮囑鵬鵬，一定要照顧好妹妹的安全。由於鵬鵬還需要寫作業，於是他就讓妹妹一個人在客

## Part 8　神奇的化學：物質之間的變化無常

廳玩拼圖，而他則在旁邊的桌子上寫作業。寫到中間，鵬鵬有一道題不會做，於是就去電視機旁邊打電話給他的好朋友。結果鵬鵬和他的好朋友聊得特別投入，忘記了照看妹妹。

忽然，鵬鵬聽到了妹妹的哭喊聲，他扭頭一看，妹妹手中拿著半截溫度計，另一半不知道放哪兒去了。鵬鵬趕忙放下電話，忙問妹妹發生了什麼。原來，妹妹不想玩拼圖了，就自己找東西玩。後來，她在儲物櫃中看到了溫度計，就拿起它玩。可是，不知道怎麼回事，妹妹把溫度計弄斷了，裡面的水銀也被她吃了一點。

鵬鵬一聽非常著急，要知道水銀可是有毒的！於是，鵬鵬先打了119求救，又打了電話給爸爸媽媽，等著救護車來。在等待的過程中，鵬鵬忽然想起來牛奶可以解毒，於是就拿來了兩瓶牛奶，讓妹妹喝了下去。等妹妹送到醫院的時候，鵬鵬把他的做法告訴了醫生，醫生稱讚他做得對。而且，因為妹妹只喝了一點點水銀，所幸沒有大礙。

你知道牛奶為什麼能解毒嗎？

### 答案

其實不只是牛奶，雞蛋與豆漿等東西也可以作為中毒病人的急救藥。因為這三種東西都富含大量的蛋白質，而蛋白質有個特點，碰到重金屬離子，例如汞、鋁等金屬離子後會發生沉

澱。重金屬離子進入人體後，會使構成人體的器官和血液的蛋白質發生沉澱而失去作用，造成中毒現象。所以，給中毒之人服牛奶、生雞蛋白或豆漿後，食物中豐富的蛋白質會和重金屬離子相互作用，於是就減輕了中毒的毒性。不過，這只能緩解毒性，還是需要就醫的。

# Part 8　神奇的化學：物質之間的變化無常

# Part 9
# 聆聽大自然的吶喊：
# 與自然萬物一起成長

　　你養過多肉植物或者是其他綠植嗎？你知道馬鈴薯是不用種子和幼苗種植的，而是用根莖種植的嗎？你知道太陽能都有哪些用途嗎？自然萬物不像我們肉眼所見的那麼簡單，裡面蘊含著無盡的能量和許多的祕密，等著大家一起來解開謎題，更好地認識自然，與自然一起成長！

Part 9　聆聽大自然的吶喊：與自然萬物一起成長

## 來進行一場發芽比賽吧

　　一天放學的時候，阿爾法的老師發布了一個家庭作業，要求他們在未來一週內寫一篇觀察日記。阿爾法很苦惱，不知道該怎麼寫。因為他的家裡沒有養過任何小動物，他不知道應該觀察什麼、寫什麼。

　　阿爾法將他的苦惱告訴了爸爸，爸爸卻笑著說：「這有什麼難的。雖然我們沒有辦法觀察動物，可是植物一樣可愛，我們可以來觀察植物啊。」

　　說完，爸爸就讓阿爾法去找媽媽要來一些花豆（其他豆子也可以）。阿爾法很快就拿著花豆來了，他看到爸爸跟前的桌子上有一個裝滿水的碗。然後，爸爸讓阿爾法將花豆放進這個碗裡，神神祕祕地說道：「我們 24 小時以後再來。」阿爾法雖然很好奇，也只能慢慢等待著。

　　在等待的這段時間裡，阿爾法也沒有閒著。在爸爸的指導下，他準備了三個乾淨的空果醬瓶、一個裝滿水的噴壺、半杯水、脫脂棉（紙巾也可以）、一塊擦碗布，還有一捲有彈性的透明薄膜。等到了爸爸說好的那個時間後，阿爾法就帶著他準備好的這些東西，來到被浸泡了 24 個小時的花豆的房間。

　　在這裡，阿爾法聽從爸爸的指揮，先是在三個果醬瓶的底部都鋪了一層脫脂棉（如果沒有脫脂棉，可以用面紙代替），阿

爾法用噴壺在第一個果醬瓶中灑了一些水，讓脫脂棉稍微溼潤了一下；第二個果醬瓶則只是鋪了一層脫脂棉，讓它始終保持乾燥狀態；到第三個果醬瓶的時候，爸爸直接把準備好的半杯水倒入瓶中，把脫脂棉完全浸沒了。

接著，爸爸讓阿爾法從碗裡取出花豆，把它們放在擦碗布上稍稍擦乾，就將這些花豆均勻地放到了三個果醬瓶中。放好花豆後，爸爸用薄膜把三個果醬瓶口都封住了，並告訴阿爾法這是為了防止水分被蒸發掉。等做完了這些，爸爸就把三個果醬瓶都放在了陽光充足的窗臺上，並讓阿爾法留心觀察花豆這幾天發生的變化。

果然，大約過了一兩天，第一個果醬瓶中的花豆就發芽了，而第二個和第三個果醬瓶裡的花豆則沒有出現胚芽。阿爾法覺得很奇怪，就去問爸爸為什麼。當爸爸解釋完後，阿爾法恍然大悟，才知道小小的植物要想長大這麼不容易啊！

請問，你知道這是為什麼嗎？

## 答案

原來，幾乎所有植物的種子要想發芽、生長，都需要滿足熱量、水和空氣這三個條件才可以。在這個實驗中，阿爾法準備的三個果醬瓶裡的種子雖然都得到了來自太陽光的熱量，但是，第二個果醬瓶裡的種子缺少水分，第三個果醬瓶中的種子

缺少空氣，所以才不會發芽。只有第一個果醬瓶，裡面的花豆種子有適宜的溫度、充足的空氣和水分，所以才會發芽。

之所以爸爸要提前讓花豆種子浸泡 24 個小時，是因為大多數植物的種子都相當乾燥，它們的水分含量只有 5％～ 20％。在開始萌芽之前，種子必須透過浸泡吸收足夠促使胚芽生長的水分。胚芽透過分解儲存在種子裡的養分（碳水化合物、蛋白質、脂肪），獲得生長發育的能量。所以，你在做這個實驗的時候，一定注意要浸泡一下種子喲。要知道，只有在溫度、水分和氧氣足夠充分的情況下，胚芽才能成功地分解這些養分，才能發芽啊！

## 種子也有休眠期嗎

眾所周知，種子如果滿足了陽光、水分和空氣這三個條件，一般都會發芽、生長。但是，這其中也有例外情況，有些種子在滿足了這三個條件後也遲遲不發芽。你不相信？那就來做個實驗驗證一下真假吧！

首先，你需要準備好以下幾種東西：旱金蓮種子、一個托盤、脫脂棉、一個裝滿水的噴壺、一片蘋果和一個透明的塑膠袋。

## 種子也有休眠期嗎

準備好東西後，就可以開始做實驗了。你先把那片蘋果片放在托盤中央，在托盤和蘋果片的上面鋪一層脫脂棉，再用裝有水的噴壺噴灑一些水在脫脂棉上。做完這些後，你需要把旱金蓮種子均勻地撒在被水溼潤的脫脂棉上，然後把托盤以及托盤上的東西放進一個塑膠袋中。注意！不要把托盤上的東西一股腦倒在塑膠袋裡，而需要慢慢地將它平放進塑膠袋中，包裹嚴密。然後，你再把塑膠袋裡面的東西放在一個暖和、向陽的地方。

過幾天後，你會發現什麼呢？沒錯，你看到托盤中的旱金蓮種子有的發芽了，有的卻沒有發芽。沒有發芽的旱金蓮種子恰好都被撒在了蘋果片上，而發芽的旱金蓮種子都不在蘋果片上，而是在托盤的其他位置上，一個個都慢慢地長成了一株株綠色的幼苗。那麼，同樣都是在一個托盤上的種子，為什麼放蘋果片的地方那些種子不會發芽呢？

### 答案

這就是我們在實驗開始提到的，種子也是有休眠期的，而且也有一些東西能夠抑制種子的發芽、生長，這就是抑制劑了。

之所以會這樣，是因為蘋果片中含有一些會阻礙種子發芽的物質。植物學的相關研究人員在做過實驗後發現，很多核果的果肉中含有抑制種子發芽的物質，會抑制種子提前發芽。只有當這部分抑制劑不再發揮作用時，種子才會發芽。所以，新

Part 9　聆聽大自然的吶喊：與自然萬物一起成長

鮮的果肉種子一般是不會發芽的，只有當果肉完全腐爛後，果肉中的抑制劑才會失去作用。這個時候，完全成熟的種子暴露在空氣中，得到了充足的水分和氧氣後，種子裡面的胚芽就會察覺到有利的生長條件，並且開始發芽。

除了能抑制種子發芽外，還有一些種子儘管具備了有利的生長條件，比如說充足的水分、熱量、光照和氧氣，卻依然沒有發芽，多半就是進入休眠期了。在種子的休眠期中，水分和氧氣都無法滲入種皮中，而且也有可能種子裡面的胚芽在這個時候還沒有完全成熟，尤其當所處的地區溫度較低的時候，植物經常會出現休眠的情況。這也是為什麼早在夏季或者秋季就已經成熟的種子，在冬季卻不會發芽的原因，只有當它們在寒冷的冬季度過休眠期後，才會在第二年的春季開始發芽。

## 葉子也能「洗三溫暖」

洗一個美美的澡，再拿著書本去三溫暖房裡蒸一下，是不是覺得渾身的毛孔都十分舒暢呢？最後出來的時候，再塗一層厚厚的身體乳，有沒有覺得自己瞬間就變身為最美的小公主了呢？既然洗澡、蒸三溫暖這麼舒服的話，你有沒有想過替植物也做一個三溫暖呢？是的，我沒有開玩笑，我說的就是植物！在沒有做過這個實驗之前，先不要說什麼「植物不能做三溫暖」

的話,而是來親自試驗一下吧!

找來兩根紫露草的枝條、一盒凡士林(其他潤膚膏也可以)、兩個空的小玻璃瓶(250毫升左右)或者兩個試管、自來水、食用油以及一根防水的蠟筆。準備好這些東西後,你可以先在兩個玻璃瓶中裝入適量的自來水,然後替其中一根紫露草枝條上的葉子的正面塗上凡士林,給另一根枝條上的葉子的反面塗上凡士林。接著,你把這兩根枝條分別插在兩個玻璃瓶中,再在兩個瓶裡滴上幾滴食用油,這可以防止水分的蒸發。做完這些後,在兩個玻璃瓶的瓶身上標明水位。觀察一段時間,你會觀察到什麼呢?

很簡單,你會看到正面塗有凡士林的那根枝條所在的玻璃瓶的水位大大地下降了,而背面塗有凡士林的枝條所在的玻璃瓶的水位卻沒怎麼下降。這就是葉子在「洗三溫暖」了。那麼,你知道是怎麼一回事嗎?

### 答案

這是因為葉子、枝條和根的表面都覆蓋著一層表皮,這層表皮可以防止水分的過度蒸發,保護這些「器官」不受疾病的侵害。相反,葉子反面的表皮中卻有一些我們稱之為氣孔的小毛孔,植物正是透過這部分毛孔來吸收二氧化碳,釋放出氧氣和水蒸氣,這個過程就叫做「蒸騰」。蒸騰作用可以產生一股吸引力,將根部吸收進來並進入導管中的水分帶到植物的上端。因

為水分子之間存在著強大的內聚力,所以,這股蒸騰吸力可以帶著整個水柱向上運動,為植物的枝、葉、花朵送去水分和營養鹽。只不過,大多數的植物會在白天打開它的氣孔,當夜晚降臨時,再關上這些氣孔。然而在這個實驗中,因為葉子的背面被塗上了凡士林,就相當於堵上了葉子背面的氣孔,所以就不怎麼會出現蒸騰的現象了,水分自然就蒸發得少了。

## 雞蛋內的營養輸送膜

大家在吃蛋的時候,經常看到蛋殼和蛋清之間隔著一層很薄很薄的蛋膜。這層蛋膜雖然很薄,但是如果你用手觸摸過的話,你會發現雖然膜很薄,卻很有韌勁。你可不要小看這層薄膜,它可是產生了至關重要的輸送作用。不相信嗎?那我們就來做一個實驗吧,讓大家來了解一下它神奇的輸送功能。

先從家裡的冰箱中找來一顆新鮮的生雞蛋,再找來一根透明的吸管,就可以開始做實驗了。想辦法在雞蛋的一端剝去一小塊蛋殼,注意,在剝的時候千萬不要把蛋殼下的那層薄膜弄破了!剝下這塊蛋殼後,就用針在雞蛋的另一端刺一個小孔,然後再慢慢地把這個小孔擴大,直到能把吸管插進去為止。將吸管順著這個小孔插入蛋內約 2 公分,然後點燃一根蠟燭,讓蠟油滴到管子與蛋殼的接口處,把接口全部封嚴實。總之,就

是不讓空氣和水分滲進去就行了。然後，你可以把雞蛋放到一個盛有四分之三水的玻璃杯中。記住，讓插上吸管的一頭朝上（密封蛋殼接口，也可防止水從這邊進入蛋清）。稍等片刻，你就可以看到雞蛋裡面的蛋液慢慢上升到吸管裡了。幾個小時或幾天後，蛋液一點一點地進入吸管裡，管口就會有蛋液溢位來了。

你知道這是怎麼做到的嗎？

**答案** ●●●●●●●●●●●●●●●●●●●●●●●●●●●●●●●●●●●●●●●

這是因為雞蛋的另一端被開了口（也就是沒進水中的那一端），杯子裡的水就滲入了蛋殼中。蛋液和杯子裡的水雖然看似被蛋膜隔開了，但是實際上薄薄的蛋膜上有許多微孔，這些孔能讓細小的水分子通過並進入蛋中，於是，杯中的水就透過蛋膜「滲透」到雞蛋裡面去了。當水不斷滲透到雞蛋裡面的時候，就把蛋液不斷地往上推，逐漸推出蛋殼了。

## 「長眼睛」的馬鈴薯

你種植過馬鈴薯嗎？如果沒有的話，就來一起種植馬鈴薯吧！你會從中找到很多樂趣。

Part 9　聆聽大自然的吶喊：與自然萬物一起成長

　　先準備一個帶有蓋子的鞋盒、幾個硬紙板（與鞋盒等高）、一個裝滿泥土的平底塑膠小容器和一個發芽的馬鈴薯，再準備一些膠帶。東西準備好後，你可以先把馬鈴薯放進裝滿泥土的塑膠容器中。記住，要讓馬鈴薯發芽的那面露在泥土外面，不然馬鈴薯就無法生長了。然後，你把裝有馬鈴薯的塑膠容器放在鞋盒裡的一個角落裡，然後再用硬紙板把鞋盒裡面的空間隨意隔開，搭建成一個「迷宮」的樣子。最後，在距離塑膠容器最遠的鞋盒壁上鑽一個直徑大約為 3 公分的洞。弄好後，你就可以蓋上盒蓋，將鞋盒放在一個陽光充足的地方了。看看接下來鞋盒中的馬鈴薯會有什麼變化。

　　你會看到，幾天後白色的馬鈴薯芽就蜿蜒地穿過了「迷宮」，從離它最遠的那個洞口鑽了出來；而且，在陽光的照射下，馬鈴薯芽也變成了綠色，長出了嫩葉子。你還可以召集你的小夥伴們來一場「馬鈴薯迷宮競賽」，比比看誰的馬鈴薯最先鑽出洞口，相信這是一件非常有趣的事情。不過，鞋盒上的那個洞口距離馬鈴薯芽那麼遠，而且還被各個紙板隔絕了方向，為什麼馬鈴薯還是會從洞口冒出來呢？難道它「長眼睛」了嗎？

**答案**

　　之所以會這樣，是因為所有植物的幼芽總是向著光源生長的。因為只有在陽光的照射下，植物才能形成葉綠素和其他色

素，透過光合作用獲得生長發育所必需的養分。植物的生命力非常頑強。就像鞋盒中的馬鈴薯，雖然鞋盒蓋上了蓋子，而且也被紙板隔絕了出路，但是，當陽光從那個洞口洩漏進去的時候，還是被馬鈴薯敏銳地察覺到了，所以它的嫩芽才會向陽而生，衝出「迷宮」，頑強生長。

## 取之不盡的太陽能

太陽能作為新能源的一種，有著很大的優勢：一是它取之不盡、用之不竭；二是它沒有汙染，屬於清潔能源。現在，我們可以先製作一個簡易的太陽能熱水器，來看看太陽能是如何獲取，又是怎麼使用的。

你需要準備好鋁箔紙、塑膠軟管、玻璃瓶等東西。然後，將那一段軟塑膠長管從中間部分對摺。從對摺處開始捲，直到軟管剩餘40多公分的長度時，就用橡皮筋將捲好的軟管部分套住，並固定好，不過不要太緊了。這時，找一個廣口的玻璃瓶，將紮好的軟管塞進玻璃瓶中，那留出的40多公分的軟管可以放在瓶外。然後，將玻璃瓶放在鋁箔紙的中間，也就是說用鋁箔紙將玻璃瓶裹起來，收攏鋁箔紙包圍住玻璃瓶口，將其固定住，防止大量的空氣進入瓶中。

Part 9　聆聽大自然的吶喊：與自然萬物一起成長

做好這些後，將包好的裝置放在不鏽鋼的盤子中，然後將這一整套玻璃瓶設備放在室外陽光充足的地方，讓陽光照射一段時間。你會發現，時間越長，這個自製太陽熱水器的效果就越明顯。

這個時候，你找個塑膠瓶裝滿冷水，然後再找一根軟管，將其一端插在塑膠瓶中，一端連線在外面。你拿起垂在瓶子外面的軟管，用口吸一下管口，再懸垂放下管子，你就看到瓶中的水透過裝置流出來了。如果你用手觸碰一下，就會發現流出來的水要比原先的溫度高了。

你看，既不用燒炭，也不用費電，就把水燒熱了，這可不就是天然無公害的能源嗎？不過，雖然你能自製太陽能熱水器了，那你能說說自製太陽能熱水器的原理嗎？

**答案**

其實，我們所製作的太陽能熱水器和真正的太陽能板的原理是類似的。因為太陽光的照射，包裝好的瓶中會產生熱氣；而瓶外面被包圍的那層鋁箔紙則會擋住一部分外逃的熱量，使得瓶中的溫度變高。所以，當冷水從管子中流出來的時候，就會被裝置中的高溫加熱，流出另一端時，溫度就會比較高了。

## 剝蛋殼的祕訣

　　水煮蛋、茶葉蛋大家都經常吃,那麼,大家知道剝蛋殼有什麼祕訣嗎?或許有人會說,剝蛋殼又不難,還要什麼祕訣,直接剝不就行了?你要是真這麼說的話,那就說明你沒有剝過蛋殼。不信的話,我們可以做一個實驗。

　　你先拿一顆生雞蛋,放在水中煮熟。煮熟後,你就可以剝蛋殼了。在剝的過程中,你是不是覺得煮熟的雞蛋不但特別燙手,還特別難剝呢?因為你發現這個時候你剝出來的雞蛋殼經常會連帶著蛋白一起剝下來。等你整個雞蛋都剝完了,就發現雞蛋被剝得坑坑窪窪的,還損失了很多蛋白。

　　這個時候,你再用水煮一個雞蛋。等雞蛋煮熟後,先不要急著剝,而是將它放在冷水中浸泡一會兒,然後再剝。等你感覺雞蛋的外殼摸得比較涼的時候,你再剝,就會發現蛋殼很容易就被剝下來了。

　　這就是剝蛋殼的祕訣了。不過,你知道其中的原因是什麼嗎?生活中還有類似的例子嗎?

**答案** ●●●●●●●●●●●●●●●●●●●●●●●●●●●●●●●●

　　出現上述現象跟熱脹冷縮有關。不同的物質在受熱或冷卻的時候,伸縮的速度和幅度會各不相同。

## Part 9　聆聽大自然的吶喊：與自然萬物一起成長

雞蛋是由硬的蛋殼和軟的蛋白、蛋黃組成的，因為組成它們的成分不同，所以它們的伸縮情況是不一樣的。當你把滾燙的雞蛋立即浸入冷水中後，蛋殼由於溫度降低了，很快會收縮，而蛋白仍然是原來的溫度，還沒有收縮，這時隨著蛋殼的收縮就有一小部分蛋白被蛋殼擠壓到雞蛋的空白處了。然後，蛋白又因為溫度降低而逐漸收縮，而這時蛋殼的收縮已經很緩慢了，這樣就使蛋白與蛋殼脫離開來。因此，剝起來就不會連殼帶肉一起下來了。

由此可見，凡是需要經受較大溫度變化的東西，如果它們是用兩種不同的材料合在一起做的，那麼，在選擇材料的時候，就必須考慮它們的熱膨脹性質，兩者越接近越好，否則做出來的東西就不安全。比如說我們在蓋房子的時候，房屋和橋梁一般都會廣泛採用鋼筋混凝土，就是因為鋼材和混凝土的膨脹程度幾乎完全一樣。如此一來，即使春夏秋冬的溫度不同，也不會產生有害的作用力，所以用鋼筋混凝土建造的建築物就十分堅固。

## 呵氣暖，吹氣冷

伸出自己的雙手，朝著手上吹一口氣，你會發現什麼呢？如果你再哈一口氣，你又會發現什麼呢？你會發現，當你向著

手心吹氣的時候，你會感到涼快；當你對著手心哈氣的時候，你就會覺得很溫暖。這種現象還可以交替出現。比如說，冬天在室外，由於氣溫很低，手凍得很難受，這個時候就可以往手上呵氣，會使手感到暖和些；當從鍋裡取出剛蒸好的饅頭時，手會燙得難受，這時往手上吹氣，就又覺得不太燙了。都是從自己的口裡出來的氣，為什麼溫度會截然相反呢？

### 答案

這是因為人口中的氣體的溫度要比裸露在外的手的皮膚的溫度要高。所以，當我們向手中呵氣時，嘴一般離手比較近，口中的熱氣流直接接觸手心，手就會感到溫暖。但是，向手心快速吹氣時，氣流出口會很快冷卻，加之氣流把手心的汗液迅速吹跑了，而液體的運動會帶走熱量，所以就會覺得涼快；同時，如果你快速吹氣的話，也會把附近的冷空氣捲過來吹到了手心上，所以手心就覺得涼快。

## 煮不爛的黃豆

元朝戲劇家關漢卿曾有句講述自己性格的名言：「我是個蒸不爛、煮不熟、捶不扁、炒不爆、響噹噹的一粒銅豌豆。」由這句話可以看出來豌豆難以煮熟的程度。其實，不只是豌豆，就

Part 9　聆聽大自然的吶喊：與自然萬物一起成長

　　連我們平常喝豆漿時用的黃豆也是很難蒸熟、煮爛的。

　　你可以試著回想一下爸爸媽媽在家做豆漿的情景，黃豆是不是浸泡了一整夜，第二天才用豆漿機榨呢？而且，平常煮黃豆的話，也要比其他的豆子煮的時間更長才能煮熟。黃豆為什麼這麼難熟呢？我們可以先來做一個小實驗。

　　首先，找來半根蘿蔔，把它的中心挖掉一部分，再倒進一點濃鹽水。過幾個小時後，你再看看這個蘿蔔，你會發現被挖掉的那部分裡盛滿了鹽水。這是因為鹽水的醃漬，讓蘿蔔裡的水滲透了出來。在這個實驗過程中，因為有鹽，你會發現蘿蔔出水特別簡單。

　　但是，如果你用鹽水來煮黃豆，只會讓黃豆越煮越難熟。你可以嘗試一下，會發現用加鹽的水煮黃豆，比清水煮黃豆要花費更多的時間。同樣都是鹽水，為什麼用來煮黃豆就這麼難熟呢？

**答案**

　　首先，我們來看一下乾黃豆的構造。乾黃豆中的水分很少，而黃豆外面的那層皮則相當於一個半透膜。當黃豆浸到清水中去煮的時候，就會發生滲透現象，結果會導致清水中的水分子穿過黃豆皮進到了黃豆裡面，使黃豆變胖了。黃豆只有充分浸胖以後，再經過一段時間煮，黃豆的細胞才會被脹破，使

豆子煮爛。

但是,如果在煮黃豆的時候,鹽加得太早,黃豆就會浸在鹽水中。由於鹽水的濃度比起清水而言濃了很多,這樣一來,水就很不容易再往黃豆中滲透了。如果加的鹽比較多,鹽水的濃度甚至超過了黃豆中的濃度,這樣,水就不但進不去,甚至還可能從稍稍變胖的黃豆中「鑽」出來。黃豆中沒有足夠的水分,難怪黃豆煮來煮去都煮不爛了。

## 螞蟻為什麼不會迷路

說起自然界中常見的螞蟻,牠們可真是太小了!人一不留心就可能一腳滅了牠的全族。不過,或許是因為螞蟻體積小,所以牠們過的是群居生活,一起找食物、一起出動。因此,在晴朗暖和的天氣裡,人們經常可以看到成群結隊的螞蟻一起外出很遠去尋找食物。然而,從很遠的地方回到自己家中可不是一件簡單的事情,尤其對這些小小的螞蟻來說,可能更是難上加難。但是,這些螞蟻卻不會迷路。無論多遠,牠們都能拖著食物一起回去。那麼,螞蟻究竟是如何找到回家的路的呢?我們可以透過實驗來找到答案。

這個實驗共有三部分,依次從螞蟻的觸覺、視覺和遺留的

## Part 9　聆聽大自然的吶喊：與自然萬物一起成長

氣味這三個方向出發，來尋找螞蟻辨別方向的方法。

首先，在室外選擇一隻正在回巢的螞蟻，你將牠撿起來後，用鑷子將其觸角去掉，然後再把牠放回到原地，看牠是否仍然能跟著隊伍回巢。

其次，你可以選擇一隊正在回巢途中的螞蟻，用一些障礙物把牠們圈住，再用一塊平板蓋在障礙物的上方，將平板放得很低，使牠們無法看到天空和周圍的景物，看牠們是否能找到回家的路。

最後，當你看到一隊螞蟻回程的時候，在螞蟻爬過的路面上，用手指蘸著氣味比較重的液體，在上面橫畫一條線，破壞連續的氣味，看看螞蟻是否在返回時是利用氣味來辨認道路的。

透過上述實驗，你發現螞蟻是用什麼來辨別方向的呢？

### 答案

透過上述實驗，我們可以發現，螞蟻是透過辨識周圍的景物和氣味來辨別方向的。

要知道，螞蟻的視覺非常敏銳，不但陸地上的景物會被螞蟻用來認路，而且太陽的位置和藍天上照射下來的日光，都能被螞蟻用來作為辨認回巢的參照。此外，有些螞蟻在牠們爬過的地上留下一種氣味，在返回時只要追尋著這種氣味，就不會誤入歧途。也有些螞蟻雖然不會在爬過的路上留下什麼特殊的

氣味，但是牠們能夠記住往返道路上的天然氣味，所以也不會迷路。

## 巧妙辨衣料

　　肖特和媽媽一起去逛街買衣服。當走到一家內衣店的時候，肖特試了一套睡衣睡褲，特別合身好看，就想讓媽媽給他買下來。但是，當媽媽摸了摸衣服的料子後，就對肖特說：「這件衣服不是純棉的，直接貼身穿不舒服，我們再逛逛其他內衣店。」

　　而後，肖特又和媽媽去了另外一家店，試了同樣款式的一套睡衣，感覺很柔軟。媽媽說這是因為這套衣服是純棉製成的，所以才會覺得舒服。肖特非常佩服媽媽，覺得她只用手摸，就能知道什麼衣服好，什麼衣服不好。當媽媽知道肖特的想法後，就哈哈大笑著說：「你想知道辨別衣料的方法嗎？我可以教你。」

　　回家後，媽媽就找來了幾件不穿的衣服，從上面抽出了幾條經緯線，再用火柴點燃，讓肖特觀察其灰燼的特點，並聞其氣味，來判斷這是什麼材料。等做完這些後，媽媽還說，你知道了它們是什麼料子，再多摸幾次，或者多買幾次衣服，想要

Part 9　聆聽大自然的吶喊：與自然萬物一起成長

辨別衣服料子就不難了。

你能自己找幾種布料做一下這個實驗，並說出各種衣料有何特點嗎？

## 答案

生活中最常見的布料有錦綸、的確良（滌綸）、丙綸、棉布、毛織品等，所以我們就來說一下它們的特點。

如果纖維在點燃後邊熔融邊徐徐燃燒，灰燼以呈亮棕色硬玻璃狀，並有嗆鼻子的特殊氣味，這就說明這是錦綸（尼龍）織品了。這是因為錦綸的化學成分是聚醯胺，其灰燼為亮棕色硬玻璃狀，受熱後又會分解出特殊的氨化物氣體。

如果纖維在燃燒時冒黑煙，灰燼呈黑褐色玻璃球狀，同時又會分解出具有芳烴氣味的氣體，就是滌綸了，因為它的化學成分是聚酯，裡面有對本二甲酸乙二酯。

要是布料的纖維燃燒後沒有灰燼，而且燃燒的殘留部分呈現透明球狀，同時又會出現一股明顯的石蠟燃燒氣味，則是含有聚丙烯的丙綸織品。

如果是棉布這種天然的纖維織品的話，那麼，在被點燃的時候是很容易燃燒的，灰燼會呈現灰色，而且量比較少，質地還很柔軟，並有一種燃燒紙的氣味。

如果是毛織品纖維的話，在燃燒的時候呈熔化狀收縮，燃

燒緩慢，灰燼呈黑色且具有脆性，燃燒時又會放出一股較為強烈的燒焦毛似的氣味。

## 星星為什麼會一閃一閃的

「一閃一閃亮晶晶，滿天都是小星星。掛在天上放光明，好像許多小眼睛。」兒歌〈小星星〉可謂家喻戶曉。然而，隨著科技的發展，大家都知道，那些一閃一閃的星星其實都是一個個類似於地球一樣的星球，本身是不會發光的。那麼，為什麼人們在地球上看星星的時候，卻覺得那些星星都在閃閃發光呢？

關於這個問題，我們可以透過一個小實驗來解釋一下。你先準備一支手電筒、一大張鋁箔和一個大號的圓形玻璃缸。然後，你把鋁箔紙剪開，一定要剪得比玻璃缸大。剪完後，你可以用手在鋁箔紙上捏出褶子來，然後再展開放平在桌子上。不過，也不要把鋁箔紙展開得過於平整了，還是有些皺褶比較好。接著，你可以把玻璃缸放在鋁箔紙的上面，並往玻璃缸裡倒入一半左右的水。

好了！現在，你可以關掉房間的照明燈了。是不是覺得房間一團漆黑呢？沒關係，你開啟手電筒，在距離玻璃缸高30公分的地方用手電筒照射水面，並觀察平靜的水面底下鋁箔紙

Part 9　聆聽大自然的吶喊：與自然萬物一起成長

的情況。接著，你可以一面繼續用手電筒照射水面，一面用筷子輕拍水面，然後透過搖晃的水面觀察鋁箔紙的情況。注意，在這兩個不同的觀察過程中，你一定要集中注意力，因為這個實驗產生的結果相差不是很大，你只有很認真地觀察才能發現不同。

你會看到什麼呢？是不是發現鋁箔紙反射過來的光，在搖晃時比平靜時要暗一些呢？那麼，你能解釋為什麼會這樣嗎？

**答案**

在這個實驗中，鋁箔紙原本是沒有光亮的。但是，當手電筒的光照射水面時，光在水表面上發生了折射現象，一部分光線向下照在鋁箔紙上導致鋁箔紙反射了光，才會看起來像鋁箔紙本身發了光一樣。

天上的星星也是這樣的原理。由於地球被厚厚的大氣層和空氣包圍著，而這些空氣又在不斷地運動，所以導致星光在透過空氣層時被多次折射，等傳到人類眼中，就會忽左忽右、忽明忽暗了。如果到地球外去看星星，比如說在太空梭上看星星，就不是這樣了。因為那裡沒有使光產生折射的物質，因此星星也就不會閃爍了。

# Part 10
# 有趣的生活實驗：
# 來自於身邊的點滴啟示

　　歷史上的「江南四大才子」之一唐寅有一句詩，叫「柴米油鹽醬醋茶，琴棋書畫詩酒花」。這句詩描繪了自古以來老百姓們在日常生活中所必須的物品以及他們的精神生活。然而，你能想到嗎？這些看似簡單卻必不可少的生活物品如果稍微組合一下，就能展現一個完全意想不到的世界和效果。下面我們從身邊的點滴出發，去看看其中隱藏著什麼有趣的創新點子吧！

Part 10　有趣的生活實驗：來自於身邊的點滴啟示

## 彩色噴泉

噴泉指的是噴出地面的水，後來，人們發現這一景觀非常美麗，就研究了噴泉能噴出水的原理，人工製造了很多噴泉。這些人工噴泉形成了一種明朗活潑的氣氛，會給予人美的享受；同時，噴泉還可以增加空氣中的負離子含量，產生淨化空氣、增加空氣溼度的作用，因此深受人們的喜愛。

人們還發現，有些人工噴泉還會形成各式各樣的圖案，還會有顏色和音樂。比如：世界上最大的杜拜音樂噴泉，最高可以噴到 150 公尺。隨著噴泉的噴射，還伴隨著阿拉伯以及世界各地的歌曲，隨著音樂的不同，噴泉噴出來的舞姿也不同，一會像一群苗條少女翩翩起舞，一會像一列武士整齊劃一，十分美觀。那麼，這些人工噴泉是根據什麼原理修建出來的呢？

在解釋這個問題之前，我們先來做個實驗，方便理解。先準備兩個敞口的玻璃瓶以及一個帶有蓋子的罐頭瓶子，再準備兩根吸管，還有適量的經水彩顏料染過色的水，最後再找一點橡皮泥（口香糖也可以）、一把錘子、一枚釘子和一個盒子。準備好這些東西後，就可以開始了。

先用錘子和釘子在瓶蓋兩側對著各鑽一個洞，然後把兩根吸管分別插進這兩個洞裡，再用橡皮泥或者口香糖將吸管固定起來。接著，在兩個玻璃瓶中各加入半瓶染了色的水，把準備

彩色噴泉

好的瓶蓋蓋在其中一個玻璃瓶上，讓一根吸管伸在玻璃瓶外，另一根浸入水中。然後，再把其中一個裝有水的敞口玻璃瓶放到盒子上面，把另一個裝有水的敞口玻璃瓶緊靠著放在盒子旁邊。把密封的瓶子翻轉一下，像圖中所示的那樣把它倒置在另外兩個玻璃瓶之上，你就會看到密封的玻璃瓶中出現了一股噴泉。

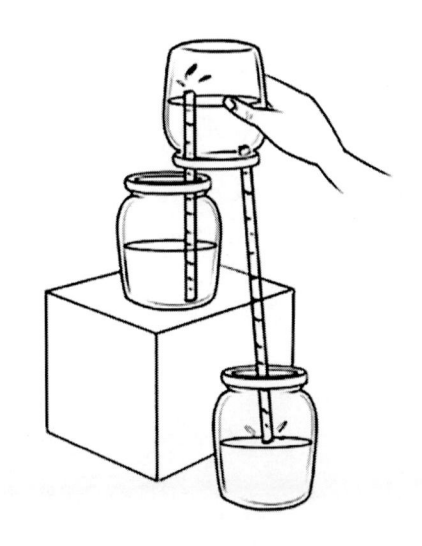

**答案**

原來，當你把玻璃瓶翻轉過來的時候，瓶子裡的一部分水和空氣透過兩根吸管排到空氣中。這樣一來，在水面的上方就形成了一個真空（沒有空氣的空間），放在盒子上面的玻璃瓶裡的水就會透過吸管升到被密封起來的玻璃瓶中。

Part 10　有趣的生活實驗：來自於身邊的點滴啟示

　　溫泉以及人工溫泉的原理也是如此。在人工噴泉中，會設定兩個管道，其中一個管道比較大，一個管道比較小。水流從大半徑管道到小半徑管道的過程中，會產生一個速度的變化，衝向地面的上方。這就是人們看到的噴泉了。值得一提的是，噴泉還是一個能量守恆的設施，噴灑出來的水在重力作用下降落後，又會循環使用，不會浪費水。

## 把熱氣「包」起來

　　不知道大家有沒有見過熱水袋呢？不是現在市面上常見的充電加熱式的暖手寶之類的東西，它是一個扁長方形的橡膠袋子，裡面灌入滾燙的熱水，放進被窩，可以取暖一整夜。有人可能會覺得這個東西的效果有那麼好嗎？一個橡膠袋子中灌入熱水，怎麼可能有那麼長時間的保溫效果呢？大家的疑惑不是沒有根據，有實驗證明，完全相同的一個熱水袋，如果外部被包裹的東西不同，最後的保溫效果就不一樣。如果不清楚的話，我們就來做個實驗驗證一下吧。

　　在實驗之前，先準備好以下幾樣東西：三個一模一樣的熱水袋（如果沒有熱水袋的話，找三個帶有蓋子的乾淨的空玻璃瓶也可以）、一條厚厚的羊毛圍巾、一些報紙、一個空鞋盒（鞋盒高度必須與熱水袋、玻璃瓶的高度一致）、適量的熱水，還有一

把熱氣「包」起來

個溫度計。

　　準備好東西後，你就在這三個熱水袋中都注滿熱水，並擰緊蓋子。然後，用那條厚厚的羊毛圍巾把其中一個熱水袋包裹起來；第二個熱水袋什麼也不做，直接放在桌子上；把第三個熱水袋放進空鞋盒中，並在熱水袋的周圍，即鞋盒的空白地方都塞滿報紙。做好這些工作後，你就找一個涼爽的地方，將這三個「裝扮」好的熱水袋放在那裡，大約擱置30分鐘就可以了。當時間到了後，你再去打開熱水袋的蓋子，用溫度計去測量一下每個熱水袋裡的水的溫度。你會發現什麼呢？

## 答案

　　用溫度計測量一下水溫，你會發現，被羊毛圍巾和報紙裹起來的熱水袋裡的水溫要高一點。說明這兩個熱水袋中的水沒有另一個熱水袋中的水冷卻得快。

　　之所以會出現上述情況，是因為被羊毛圍巾和報紙裹起來的熱水袋周圍的空氣不能流動，就構成了一個隔熱層，從而延緩了水在寒冷的室外空氣中的冷卻速度。根據熱量傳遞原理，因為熱量總是從溫度較高的地方流向溫度較低的地方，我們通常會採取隔熱措施來減少由於溫差（如寒冷的室外空氣和溫暖的室內空氣之間的溫差）而引起的熱流。比如我們平常蓋的厚被子，就可以產生很好的隔熱作用。

223

Part 10　有趣的生活實驗：來自於身邊的點滴啟示

## 暖水瓶的工作原理

不知道你有沒有見過暖水壺這種家用物品呢？不是現在家家戶戶使用的電水壺，而是具有保溫作用的暖瓶。如果你觀察過暖水瓶的話，你會發現它的內膽是一個通體亮白的物體，外面被罩了一個五顏六色的殼子。你知道這個內膽為什麼是通體亮白的嗎？

如果你還是對暖水瓶沒什麼印象的話，也回答不上來這個問題，可以自己先製作一個暖水瓶。

需要準備的東西：一個喝水用的玻璃杯、一個帶有蓋子的小玻璃瓶、一個帶有蓋子的大玻璃瓶、充足的熱水、一個軟木塞、一些鋁箔紙和透明膠帶。

第一，先用兩層鋁箔紙把那個帶蓋子的小玻璃瓶包裹起來，並將鋁箔發亮的一面朝著玻璃瓶，再用透明膠帶把鋁箔固定住；第二，在玻璃杯和被包裹起來的小玻璃瓶中倒入熱水，而後給小玻璃瓶蓋上蓋子；第三，把軟木塞放進帶蓋子的大玻璃瓶中，把小玻璃瓶放在軟木塞的上面，給大玻璃瓶蓋上蓋子；第四，等大約 10 分鐘過後，把小玻璃瓶取出來，順便測量一下玻璃瓶裡的水溫。再把這個溫度和沒蓋蓋子的玻璃杯裡的水溫比較一下，你會發現什麼呢？

不出意外的話，你將看到「保溫瓶」裡水的溫度比玻璃杯中水的溫度高得多。那麼，你能說明白這是為什麼嗎？

## 答案

這是因為大玻璃杯裡的空氣和軟木塞是熱的不良導體，能夠阻隔小玻璃瓶內的水和外部空氣之間的熱對流，不讓小玻璃瓶內的溫度散出去。

暖水瓶的工作原理也是如此。暖水瓶的中間為雙層的玻璃瓶膽，兩層瓶膽之間的空氣被抽去，形成真空，真空狀態可以避免傳熱和對流；瓶膽內外鍍有銀白色發亮的物質，就像包裹在小玻璃瓶外部的兩層鋁箔紙一樣，能夠減少熱輻射；而且，玻璃本身又是熱的不良導體，所以，暖水瓶中的水可以保持很長時間的熱度。

暖水瓶不僅有保溫的作用，也有保冷的功效。工作原理都一樣，都是形成真空，隔絕了外部的熱傳導，將溫度保留的時間更長。

## 迷你型的「伊格魯」

你聽說過「伊格魯」嗎？這是極寒之地的人——因紐特人居住的房屋的名字。

## Part 10　有趣的生活實驗：來自於身邊的點滴啟示

因紐特人生活在北極圈內，那裡千百年來冰雪不斷，溫度常年在零度以下。所以，當地人就地取材，製作了一座座完全用冰雪建造的房子。可別小看冰雪之屋，不僅能遮風擋雪，而且裡面也非常暖和，還能生活取暖、做飯，一點也不妨礙生活。可是，既然是冰雪修建的房屋，難道不是應該更冷嗎？而且，在冰屋裡面生活取暖，房屋難道不會融化嗎？因紐特人要怎麼才能在裡面生活呢？

當你產生這些疑問的時候，就說明你不是很了解「伊格魯」房屋的特點了。沒關係，我們可以來自製一個迷你型的伊格魯房屋，來驗證一下這座冰雪小屋是否可以保暖。

做這個實驗當然需要在一個下雪的季節了。當下雪後，你可以在花園裡或者陽臺上用雪做一個圓頂型的小洞穴。記住，頂部一定要是圓形的，不能是方的喲！做好後，你就可以把一小截蠟燭放在裡面，並點燃蠟燭，一個迷你型的「伊格魯」就這樣做成了。是不是很簡單呢？這個蠟燭燃燒的火焰與屋頂之間的距離要足夠大才可以，不然這個小冰屋就會融化了。這個時候，你拿溫度計去小冰屋裡面測量一下溫度，你會發現和外面的溫度確實有差別。

這就是「伊格魯」房屋的特點了。你知道是什麼原因嗎？

## 答案

「伊格魯」房屋是由冰雪建成的圓頂小屋,而圓形是能接受到太陽光的最大面積,而冰雪具有反射作用,如此一來,就能夠最大程度上反射掉太陽照射下來的 75% 的光和熱。由於室外的溫度很低,所以「伊格魯」在很長時間內都是不會融化的。從內部來看,只要伊格魯房屋建造得足夠高,因紐特人用動物脂肪作為燃料,不僅可以提供室內所需要的光和熱量,也不會讓房屋融化。

## 不用冰箱做的冰淇淋

提起冰淇淋,就會讓人忍不住流口水。要知道,不論冬天還是夏天,它可是眾多男孩女孩的最愛啊!不過,一說起如何做冰淇淋,大家想到的肯定是冰箱、冰箱等東西了,不然如何做出冰淇淋呢?然而,你知道嗎?不用冰箱也能做冰淇淋,我們這就來做個試驗。

準備一湯匙可可粉、兩湯匙牛奶、一湯匙奶油、一些小冰塊,再找來一個碗、一個玻璃杯、一些食鹽和一塊餐巾布。準備好這些東西和器具後,就可以把可可粉、牛奶和奶油倒進玻璃杯中了,然後攪拌均勻後,再把小冰塊放進碗裡。這時,把

## Part 10　有趣的生活實驗：來自於身邊的點滴啟示

裝有可可粉、牛奶和奶油的混合物的玻璃杯放在碗中的冰塊的上面。同時，在碗的周圍再加上一層冰塊，並在冰塊上撒上大量的食鹽，把餐巾布罩在碗上就可以了。

最後，你把碗放在一個涼爽的地方擱置1個小時，每隔5分鐘攪拌一下杯子裡的東西。你會發現，你的可可粉、牛奶和奶油的混合物凍成了一份美味的冰淇淋。

請問，你知道這是怎麼一回事嗎？

### 答案

在碗的周圍加上冰塊，並用餐巾布蓋在碗上，是為了防止外面的熱量進入碗裡。因為冰塊上撒上了食鹽，當食鹽和冰塊混合在一起的時候，冰塊就會融化。冰塊的融化還需要一定的熱量，這個熱量就來自於你攪拌好的可可粉、牛奶和奶油的混合物。等冰塊吸取了攪拌物的熱量，這些混合物的溫度在冰塊的包圍下就會下降得非常厲害了，最後凍結成冰，形成冰淇淋。

## 柳丁上的四季

很多人都喜歡吃柳丁。柳丁可以補充維他命，是一種對人體非常有益的水果。然而今天，我們要告訴你的是如何用柳丁

演繹四季的變化。

　　準備的東西如下：一個柳丁、一根用來烤羊肉串的鐵籤子、一個沒有燈罩的電燈、一張紙或者一塊硬紙板、一枝蠟筆。

　　東西準備好後，就開始實驗了。首先要說明的是，在這個實驗中，柳丁是我們的地球，鐵籤就是地球的地軸，而那個沒有燈罩的電燈就是太陽了。地球上有一條赤道劃分南北，所以，我們應該用蠟筆在柳丁上畫一條赤道作為南北半球的分界線，然後再把柳丁穿在鐵籤上。一個簡易的地球儀就做好了。

　　接著，在紙上或者硬紙板上畫一個橢圓，這個橢圓就是地球繞日公轉的公轉軌道了。而後，在橢圓上畫四個方位基點，分別是東、西、南、北。畫好後，就把電燈放在橢圓中央的四個方位的交叉點上，然後手持鐵籤，讓鐵籤和鐵籤上的柳丁與紙面保持垂直，然後沿著橢圓線朝著四個方向移動鐵籤。在移動鐵籤的過程中，你要仔細觀察光是怎樣落到柳丁上的。同時，要注意適當傾斜鐵籤（即地軸）並朝著四個方向移動，但是不要改變鐵籤的傾斜角度。

　　你會發現，當鐵籤（地軸）垂直於地面時，光總是照在同一個位置（赤道）上。當鐵籤有了一個傾斜角度時，光就會落在不同的位置上。此外，一些部位的光是垂直射入的，還有一些部位的光是傾斜照射的。你知道為什麼會這樣嗎？

Part 10　有趣的生活實驗：來自於身邊的點滴啟示

**答案** ●●●●●●●●●●●●●●●●●●●●●●●●●●●●●●●●●●

之所以會這樣，是因為地球每年繞著太陽公轉一次，每24個小時繞地軸自轉一次。公轉軌道呈橢圓形。地軸有一個23.5度的傾角，正對著太陽的那些地區日照非常強烈，因為太陽光是垂直照射這些地區的；而斜對著太陽的那些地區得到的日照就比較弱，因為太陽光是傾斜照射的。在作為南、北半球分界線的赤道，太陽照射角接近直角，常年溫度很高，是沒有四季的現象的。因為地球是傾斜著圍繞太陽旋轉的，使得太陽光的直射以赤道為中心以南北迴歸線為界而南北移動，每年一次，循環不斷形成四季。

但是，在人類居住的南、北半球的中緯度地帶，一年中的氣候就有著很大的差別。冬冷夏熱，四季非常分明。北半球一月分的地日距離甚至比夏季時還小。當寒冷的冬季降臨北半球時，南半球正在經歷著炎熱的夏季。反之，亦然。

由於南、北極上得到的太陽光永遠是傾斜的，加上極地低氣壓的影響，這兩個地方永遠不會出現高溫天氣，因而也不會有四季。

## 關於蠟燭的實驗

有一個謎題是這樣的：家家戶戶都有它，一旦停電也不怕，從它身上能觀察，物理化學奇變化。猜一個物品，你知道是什麼嗎？

很多人一看「停電也不怕」這句話，就知道是蠟燭了。可是，謎題中提到的「物理化學奇變化」是什麼呢？原來，這是說蠟燭在燃燒時會產生很多變化與反應，我們可以從中學到很多化學、物理知識。不相信的話，就一起來看看吧。

從家裡找一支完整的蠟燭，然後點燃它。你會有以下發現：當蠟燭在燃燒的時候，蠟油滴落了下來；火焰底部的顏色比較黯淡，呈現深藍色，火焰中部則是深黑色，火焰頂端是明亮的黃色；當你拿著摩擦過的塑膠尺靠近火焰的時候，你會發現火焰發生了擺動；當蠟燭熄滅後，你會發現燭芯的周圍凹陷了下去。

你能解釋這些現象出現的原因嗎？

### 答案

蠟油滴落，說明燃燒讓蠟燭由固體變成了液體，在重力作用下沿蠟燭向下流動；燭芯燃燒，是蠟油藉著「毛細作用」滲入了燭芯，在高溫下發生了氣化。在點蠟燭的時候，真正燃燒

Part 10　有趣的生活實驗：來自於身邊的點滴啟示

的其實是這種蠟氣。因為蠟氣是不完全燃燒的，所以生成了一些碳微粒，使得火焰底部的顏色最重，是深藍色的，溫度卻最低。而由於火焰中部的蠟氣燃燒最完全，溫度比內層高，火焰的顏色比底部還要深，呈深黑色。到了火焰頂端，因為這裡也存在著一部分碳的微粒，但它們在這裡的高溫下處於白熾狀態，就散發出美麗的黃色，而且溫度是最高的。

當塑膠尺摩擦之後自身就帶了電子，而氣體在燃燒時產生的高溫也導致原子發生電離（失去電子），火焰因此也帶電了，兩種帶電的東西互相靠近，就會互相吸引，尺會吸引到火焰，導致火焰上方的空氣變得又熱又不穩定，就會產生扭曲的影像了。

當蠟燭熄滅後，因為液化的蠟在低溫下又變成了固體，所以體積就收縮，因此，燭芯的周圍會略微凹陷下去。

## 比一比，誰更薄

很多人在吃燒烤、烤蛋糕的時候，都會用到鋁箔紙。鋁箔紙雖然也叫做「紙」，但是它其實有 99% 的成分是金屬，只不過因為它很薄，所以被稱為紙。那麼，就有人好奇了，鋁箔紙和標準紙（也就是我們日常寫字用的紙）誰更薄呢？如何測量並比較兩者的厚度呢？

比一比，誰更薄

其實，測量標準紙的厚度並不難：只要量出一疊紙的厚度，然後除以紙張數就可以了。舉個例子，取一包重達 80 克的標準紙（一般內含 500 張），用尺量出這包紙的厚度，然後把得出的數字乘以 2，就能得出 1,000 張紙的厚度了。然後讓這個數字除以 1000，就能得出每一張紙的厚度了。

那麼，鋁箔紙比標準紙薄還是厚呢？如果你憑直覺認為是「更薄」的話，那麼恭喜你猜對了。至於是為什麼，那就來看看吧。

不過，測量鋁箔紙的時候就沒有測量標準紙那麼簡單了。這是因為鋁箔紙是成卷販賣的，所以它是捲起來的。假如現在有一卷 30 公尺長的鋁箔紙，又給了你一根細繩，那你知道怎麼測量出鋁箔紙的厚度嗎？

**答案** ●●●●●●●●●●●●●●●●●●●●●●●●●●●●●

很簡單，因為鋁箔紙是成卷的，所以我們求出這卷紙有多少圈就好了。

先用細線將這卷鋁箔紙捲一圈（如果想更精確的話，也可以繞 2～3 圈），並用記號筆線上上標出首尾的位置，然後把線拉直，測量出這兩個記號之間的距離。打個比方，如果你測出一圈的長度大約 11.5cm，這就說明這卷鋁箔紙的外周長是 11.5 ㎝，外半徑則是 11.5÷3.14÷2 ＝ 1.83cm。接著，用同樣的方法測量其內周長（即內芯紙管的周長），假設得出的數字是

233

9.5cm，那麼它的內半徑就是 9.5÷3.14÷2 = 1.51cm。所以，紙卷的厚度即為 1.83 − 1.51 = 3.2mm。

然後，將這卷鋁箔紙完全展開，可知長度為 30 公尺，直徑是 3.36cm，它一圈的周長則是 2×3.14×1.68 = 10.5cm。現在只要算出來這卷鋁箔紙有多少圈就可以了。因為一圈的周長是 10.5cm，這卷鋁箔紙共長 30 公尺（計算的時候記得換算單位），這卷鋁箔紙一共有 3000/10.5 = 286 圈。所以，單張鋁箔紙的厚度就是 3.2/286 = 0.0112mm。與標準紙相比，鋁箔紙的厚度竟然只有它的 1/9，所以，鋁箔紙更薄。

## 玻璃杯為什麼會「流汗」

炎熱的夏天，大斌和家門口的同伴們一起去附近的廣場裡踢球。大斌和同伴們熱火朝天地踢了一個小時的球，他們本還想繼續踢下去，但是天實在是太熱了，大家都渴了，於是就散了。

大斌一回到家，就嚷嚷著熱、渴，他媽媽看他那麼熱，就讓他去洗澡。在大斌洗澡的時候，大斌的媽媽把準備好的白開水倒進了杯子中，還從冰箱中拿出了幾顆冰塊放了進去。等大斌洗完澡出來，他就看到放在桌子上的水杯外面溼漉漉的。可是，不可能是有人弄灑了水啊！如果灑了水，媽媽一定會擦乾

玻璃杯為什麼會「流汗」

淨的,再說了,桌子上也沒有水痕。難道是杯子裂開了,媽媽沒看到嗎?所以大斌就去問媽媽怎麼回事。結果媽媽聽了大斌的猜測,哈哈大笑,說道:「不是玻璃杯裂開了。你忘了你去超市買冰鎮飲料喝時,那些瓶子從冰箱裡拿出來沒多久也會這樣嗎?」

「咦?對啊!媽媽,這是怎麼一回事呢?」大斌不解地問道。

媽媽就詳細地替大斌解開疑惑。親愛的讀者朋友們,你知道這是怎麼一回事嗎?

**答案**

眾所周知,我們生活中的物體都是固體、液體和氣體這三種狀態。這三種狀態不是一成不變的,而是可以相互轉化的。如果溫度高了,液態的水就會變成氣態的水蒸氣;如果溫度低了,氣態的水蒸氣也會重新變成液態的水。當溫度低到零度以下,液態的水就會變成固體冰。在這個案例中提到的水、飲料、冰塊就是經歷了這樣的變化。

首先,大斌的媽媽將涼白開倒在杯子裡,這原本不會有什麼變化。但是,大斌的媽媽將從冰箱裡拿出來的冰塊放進了玻璃杯中。由於冰塊的溫度很低,就導致玻璃杯周圍的溫度也變低了。所以,圍繞在玻璃杯周圍的空氣隨著溫度的降低而發生液化,變成液態的水,附著在玻璃杯壁上,這就是玻璃杯「流汗」的原因。

Part 10　有趣的生活實驗：來自於身邊的點滴啟示

# 自製汽水

在炎熱的夏天，來一瓶冰鎮汽水，瞬間就會讓你「透心涼，心飛揚」。可是，我們經常會聽到爸爸媽媽這樣說：「不要喝那麼多汽水，裡面新增了色素、防腐劑，對身體不好。」汽水裡面到底有什麼呢？下面就來教大家自製汽水，這樣就不用擔心健康與衛生的問題了。

在製作汽水之前，先來了解一下什麼是汽水。汽水氣水，顧名思義，就是一種帶汽的飲料。這裡所說的「汽」，一般指的是二氧化碳。也就是說，汽水就是由礦泉水或經過煮沸、紫外線照射消毒後的飲用水，加入一些新增劑充以二氧化碳製成的一種碳酸飲料。汽水中溶解的二氧化碳越多，品質越好。市場上銷售的汽水，大約是 1 體積水中溶有 1 體積～ 4.5 體積的二氧化碳。那麼，我們要如何自製汽水呢？

首先，在家裡準備一個洗刷乾淨的汽水瓶，並在瓶裡加入占容積 80% 的冷開水，再加入白糖及少量果味香精，然後加入 2 克小蘇打（即碳酸氫鈉）。等到充分攪拌溶解後，迅速加入 2 克檸檬酸，並立即將瓶蓋壓緊，使生成的氣體（小蘇打和檸檬酸會生成二氧化碳）不能逸出來，而溶解在水裡。然後，將瓶子放置在冰箱中冷藏。等過了一段時間取出後，打開瓶蓋，就能聽到「嘶」的一聲放氣的聲音，我們的汽水就做好了。

那麼，你能從汽水的製作材料和步驟上來說說看，為什麼汽水能降溫嗎？

**答案** ••••••••••••••••••••••••••••••••••

在這個實驗中，有一個很關鍵的步驟，就是加入了小蘇打和檸檬酸。這是因為這兩者的結合能生成二氧化碳，而二氧化碳從人體內排出時，可以帶走人體的一些熱量，因此喝汽水能解熱消渴。

溫度越低，溶解的二氧化碳就越多，比如說 0℃ 時，二氧化碳的溶解度比 20℃ 的大一倍。所以，當我們在喝冰鎮汽水時，由於汽水的溫度低，大量溶解在水中的二氧化碳氣體要從體內排出來，就能帶走更多的熱量，更能降低身體的溫度。但是，千萬不要大量飲用冰鎮汽水，以免對腸胃產生強烈的冷刺激。此外，飲用過量的汽水會沖淡胃液，降低胃液的消化能力和殺菌作用，影響食慾。所以，即使是自製的家庭汽水，也不能多喝。

## 能讓小航船行駛的樟腦丸

在一個陽光和煦的天氣，倩倩的媽媽將櫃子裡不用的被褥和不穿的衣物都拿了出來，讓它們晒晒太陽。媽媽在晒衣服的

Part 10　有趣的生活實驗：來自於身邊的點滴啟示

時候，不小心帶出了櫃子裡的一顆樟腦丸，倩倩看見後十分好奇，就問媽媽這是什麼。媽媽回答說這是防潮用的樟腦丸。倩倩的爸爸看見後，說道：「妳可別小看這小小的樟腦丸，不僅能防潮防蟲，還能讓小船航行呢！」

平常就喜愛做手工、做實驗的倩倩自然不信，於是就纏著爸爸去用樟腦丸做實驗了。

在爸爸的指導下，倩倩找來了一顆乒乓球，將它剪成了三等分的樣子，然後又修改了一番，大致做成了一個小船的模樣。然後，倩倩又把船尾剪去一小塊，並修平，之後從船尾中間剪出一條縫，大約剪至船身的 3/5 處。接著，倩倩取出一顆樟腦丸，將其敲成三份，放在乒乓小船中。做好這些後，倩倩和爸爸一起將船放入一大盆水中，讓水能透過剪出的縫隙浸潤到樟腦丸中。倩倩就看到乒乓小船自行往前走了，一直到樟腦丸完全溶解了，小船才停止。

倩倩看完這個遊戲覺得十分驚奇，問爸爸其中的原理是什麼，倩倩的爸爸就解釋給倩倩聽。那你知道樟腦丸為什麼能讓小船航行嗎？

**答案**

其實，並不是樟腦丸能讓小船往前開，而是因為水的表面張力讓小船往前開了。表面張力求的是液體表面任意兩個相鄰

238

部分之間垂直於它們的單位長度分界線相互作用的拉力，與液體表面薄層內的分子的特殊受力狀態有關。當樟腦丸溶於水中之後，那一部分的水的表面張力就大大減弱了，而另一端的水表面張力相對之下就強大得多，會把小船拉過去，所以看起來就像是小船自己開走了。

由於樟腦丸不斷溶於水中，一邊的表面張力越來越弱，而另一邊的表面張力卻越來越強，這就給了小船源源不斷的「動力」，讓它一直往前行駛，直到樟腦丸完全溶解為止，水的表面張力逐漸平衡，小船就靜止不前了。

## 人為什麼會流汗

夏天的時候天氣炎熱，人稍微去室外動一動就會出一身的汗，這是因為氣候炎熱而冒出來的汗。此外，也有因為自身的原因而流出的汗，比如說去健身房運動一番，或者是在操場上打一場球，也會讓人大汗淋漓。但是，不管是氣候的原因，還是自身運動的原因，只要人出汗了，身上必然會黏糊糊的，而且汗味也不大好聞。那麼，汗液中到底有什麼成分呢？人為什麼又會流汗呢？

這是由汗液的構成決定的。汗液主要是由水（鹽水）組成的，而蒸發則是在高溫狀態下進行，所以，當人體溫度較高的

Part 10　有趣的生活實驗：來自於身邊的點滴啟示

時候，則需要靠蒸發出汗來調節體溫，降低溫度。汗水就相當於人體自帶「冷氣」，可以排出體內的毒素，有利於人體的新陳代謝和身體健康。而出汗分為主動出汗和被動出汗。主動出汗大家都知道，在高溫的夏天，很多人會出大量的汗，調節體溫；被動出汗則是透過運動、物理等方式出汗。如果你不理解的話，我們可以透過一個非常簡單的小實驗來切身體驗到這個原理。

　　取一些酒精、乙醚，或是其他揮發性強的液體，然後放幾滴在臉上或是手臂上。不用抹開，滴上去就行。然後，你走到開著的電風扇前，或是自己對著滴有酒精的地方輕輕吹氣，你就會感覺到一陣涼意。之所以會這樣，就是因為酒精和乙醚揮發了，而揮發的時候可以帶走熱量，所以才會覺得涼。

　　除此之外，你還能在日常生活中找出哪些與出汗的原理相同的例子呢？

**答案**

　　我們可以找來兩個一模一樣的瓶子，在裡面裝上溫水，然後用溼布包裹住其中一瓶，接著把兩個瓶子放在太陽底下。幾分鐘後，你會發現包著溼布的那個瓶子裡的水涼得更快（即使這條溼布本身是熱的）。這就和出汗的原理相同，都是因為水蒸發吸熱了，才使瓶子變涼了。

人為什麼會流汗

國家圖書館出版品預行編目資料

微觀自然課，愛迪生創意科學精選：隱形書信 × 萬能眼鏡 × 蛋殼不倒翁 × 自動換水裝置，掌握簡易的物理化學原理，人人都能成為發明家！/ 張蓉 著. -- 第一版. -- 臺北市：崧燁文化事業有限公司, 2024.11
面；　公分
POD 版
ISBN 978-626-416-131-2(平裝)
1.CST: 科學 2.CST: 科學實驗
307.9　　113017444

電子書購買

爽讀 APP

臉書

# 微觀自然課，愛迪生創意科學精選：隱形書信 × 萬能眼鏡 × 蛋殼不倒翁 × 自動換水裝置，掌握簡易的物理化學原理，人人都能成為發明家！

作　　　者：張蓉
責任編輯：高惠娟
發　行　人：黃振庭
出　版　者：崧燁文化事業有限公司
發　行　者：崧燁文化事業有限公司
E - m a i l：sonbookservice@gmail.com
粉　絲　頁：https://www.facebook.com/sonbookss/
網　　　址：https://sonbook.net/

地　　　址：台北市中正區重慶南路一段 61 號 8 樓
8F., No.61, Sec. 1, Chongqing S. Rd., Zhongzheng Dist., Taipei City 100, Taiwan
電　　　話：(02) 2370-3310　　傳　　　真：(02) 2388-1990
印　　　刷：京峯數位服務有限公司
律師顧問：廣華律師事務所 張珮琦律師

-版權聲明-

本書版權為樂律文化所有授權崧燁文化事業有限公司獨家發行電子書及紙本書。若有其他相關權利及授權需求請與本公司聯繫。

未經書面許可，不得複製、發行。

定　　　價：350 元
發行日期：2024 年 11 月第一版
◎本書以 POD 印製
Design Assets from Freepik.com